绿豆病虫害鉴定与防治手册

朱振东　段灿星　著

U0349171

中国农业科学技术出版社

图书在版编目（CIP）数据

绿豆病虫害鉴定与防治手册 / 朱振东，段灿星著 . —北京：中国农业科学技术出版社，2012.7

ISBN 978-7-5116-0919-9

Ⅰ . ①绿… Ⅱ . ①朱… ②段… Ⅲ . ①绿豆—病虫害防治—技术手册 Ⅳ . ① S435.22-62

中国版本图书馆 CIP 数据核字（2012）第 111717 号

责任编辑　张孝安
责任校对　贾晓红　郭苗苗

出 版 者　中国农业科学技术出版社
　　　　　北京市中关村南大街 12 号　邮编：100081
电　　话　（010）82109708（编辑室）（010）82109704（发行部）
　　　　　（010）82109703（读者服务部）
传　　真　（010）82109708
网　　址　http://www.castp.cn
经 销 者　新华书店北京发行所
印 刷 者　北京富泰印刷有限责任公司
开　　本　850mm×1 168mm　1 /32
印　　张　3.875
字　　数　100 千字
版　　次　2012 年 7 月第 1 版　2014 年 1 月第 3 次印刷
定　　价　22.00 元

前　言

　　绿豆在我国已有 2000 多年的栽培历史，由于含有丰富的蛋白质、维生素和矿质元素等营养物质，并具清热解毒的药用价值，深受人们的喜爱。随着人们生活水平、健康意识的提高和膳食结构的改变，国内对绿豆的需求量不断逐渐增加。此外，绿豆具有较强的固氮能力、广泛的生长适应性、耐旱性和耐瘠性，且生育期短，是农业种植结构调整中主要的间、套、轮作和养地作物，也是重要的救灾作物。因此，绿豆在我国的栽培极为广泛，几乎遍及全国各省、自治区和直辖市。据统计，近来我国绿豆生产面积在 80 万 hm^2 左右，是栽培面积最大的食用豆类作物。

　　病虫害是绿豆生产最重要的限制因子，但是由于绿豆是一种小作物，其发生的病虫害长期以来没有受到重视。在国家食用豆产业技术体系的支持下，从 2009 年开始我们对我国绿豆主要产区病虫害发生情况进行系统调查，并对一些主要病害的病原菌及害虫进行鉴定。基于调查和研究结果，我们对目前绿豆上发生的 15 种病害和 35 种虫害以图文并茂的形式进行了简要描述，希望对广大的绿豆研究工作者和农民朋友有所帮助。正确的病虫害诊断和合适的病虫害防治措施将最终贡献于提高绿豆产量和品质、增加农民收入和保障食品安全。

本书的出版得到了国家食用豆产业技术体系的经费资助和国家食用豆产业技术研发中心的支持。在我们进行病虫害调查的过程中，食用豆产业技术体系广大岗位科学家、试验站站长及其团队成员和示范县技术骨干给予了热情帮助和合作，在此谨致以真诚谢意。

由于绿豆病虫害研究基础薄弱，可参考的资料很少，因此本书中可能存在一些不足甚至错误，敬请读者批评指正。

朱振东

2012 年 4 月于北京

目 录

二、虫害部分

目
录

一、病害部分

绿豆尾孢菌叶斑病

病原菌

变灰尾孢 *Cercospora canescens* Ell. et Mart.，属半知菌亚门真菌（图1-1）。

图1-1　绿豆尾孢菌
叶斑病病原菌

分布与重要性

在我国普遍发生，其中以华北及南方地区发生严重。该病为后期叶部病害，主要为害叶片，严重时也为害分枝和豆荚；适宜条件下，在花期或结荚期产生严重的叶斑，导致叶枯和脱落，植株早衰（图1-2）。

图1-2　绿豆尾孢菌叶斑病田间为害

症状

　　病菌侵染叶片后首先产生水渍状小斑，后逐渐扩大，中央灰白色，边缘红褐色。严重时病斑扩展和合并形成大的不规则坏死区域。分枝和荚也可被害，产生病斑与叶部的相似。由于品种间

（a）　　　　　　　　　　　　　（b）

（c）

图1-3　绿豆尾孢菌叶斑病的叶片症状

感病性的不同，病斑可以分为3种类型：（1）病斑中央灰白色，病健组织交界处有褪绿的黄色晕圈；（2）病斑中央灰白色，病健组织交界处无褪绿的黄色晕圈；（3）病斑中央褐色，病健组织交界处有黄色晕圈［图1-3（a）、（b）、（c）］。湿度大时，病斑上密生灰色霉层，即病原菌的分生孢子梗和分生孢子。病情严重时，病斑融合成片，导致叶片干枯。

传播与流行

病原菌以菌丝体和分生孢子在种子或病残体中越冬，成为翌年初侵染源。病残体和发病植株上产生的分生孢子随风雨传播，侵染下部叶片，开花后，如遇高温高湿天气，病害发展迅速。

防治方法

1. 利用抗病品种，如选用中绿1号、中绿2号、中绿5号等抗病品种。

2. 与较高的禾本科作物间作。

3. 适当减少种植密度和加宽行距。

4. 播种后覆盖（稻草、麦秆等）能够减轻病害提高产量。

5. 选无病株留种，选播无病种子。

6. 收获后清除病残体，并进行深耕，有条件的实行轮作。

7. 药剂防治：播种30d后喷施75%多菌灵可湿性粉剂600倍液能够有效控制病害。发病初期喷洒75%多菌灵可湿性粉剂600倍液、75%代森锰锌可湿性粉剂600倍液或75%百菌清可湿性粉剂600倍液。隔7~10d1次，连续防治2~3次。

绿豆轮纹叶斑病

病原菌

短小茎点霉 *Phoma exigua*（异名：菜豆壳二孢 *Ascochyta phaseolorum*）（图1-4）。

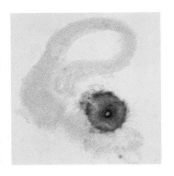

图1-4　绿豆轮纹叶斑病病原菌

分布与重要性

在我国绿豆产区均有发生，东北及西北地区发生较重。

症状

主要为害叶片，也可为害茎、荚和豆粒。出苗后即可染病，但后期发病多。叶部症状初为圆形或椭圆形病斑，略凹陷，深褐色；病斑逐渐扩展，形成中央灰褐色、边缘红褐色病斑，有时具有同心轮纹［图1-5（a）、（b）、（c）］，后期病斑上产生许多黑色

（a）

（b）

（c）

图 1-5　绿豆轮纹叶斑病症状

颗粒状分生孢子器。随着病情发展，一些病斑逐渐相连而成为大型不规则的黑色斑块；干燥时，发病部位破裂、穿孔或枯死，发病严重的叶片早期脱落。

传播与流行

　　以菌丝体和分生孢子器在病残体或种子中越冬，条件适宜时，病残体中分生孢子器产生的分生孢子借风雨传播，进行初侵染和再侵染。在生长季节，如天气冷凉潮湿，或种植过密田间湿度大，有利于病害发生。此外，偏施氮肥植株长势过旺或肥料不足植株长势衰弱，引致寄主抗病力下降，发病重。

防治方法

　　1. 收获后清除病残体，深埋或烧毁。

　　2. 重病地与禾本科作物实行轮作。

　　3. 适时播种，高垄栽培，合理密植，合理施肥。

　　4. 发病初期喷施 50% 多菌灵可湿性粉剂 1000~1200 倍液、70% 甲基硫菌灵可湿性粉剂 1000 倍液或 75% 百菌清可湿性粉剂 500~800 倍液，隔 7~10 d 1 次，连续防治 2~3 次。

绿豆白粉病

病原菌

蓼白粉菌 *Erysiphe polygoni*（图1-6）。

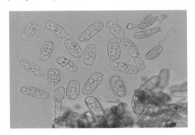

图1-6　绿豆白粉病病原菌

分布与重要性

在我国所有绿豆产区均有发生，局部地区为害严重。

症状

在绿豆生育后期发生，为害叶片、茎和荚。发病初期为点状褪绿，逐渐在病部表面产生一层白色粉状物，开始点片发生，后扩展到全叶［图1-7（a）、（b）］。发生严重时，叶片变黄，提早脱落。

传播与流行

病原菌以闭囊壳在土表病残体上越冬，翌年条件适宜时散出子囊孢子进行初侵染。植株发病后，病部产生的分生孢子通过风、雨和昆虫产生再侵染，经多次重复侵染，扩大为害。病害可

（a）   （b）

图 1-7　绿豆白粉病症状

以在一个较宽的环境条件范围发生，但中等温度（21℃）和相对较低的湿度（65%）有利于侵染和病害发展。

防治方法

1. 种植抗病品种。

2. 收获后及时清除田间病残体，翻耕深埋或集中烧毁，减少次年初侵染源。

3. 加强管理，合理密植，增施磷钾肥，以提高植株抗性。

4. 药剂防治：病害发生初期可喷施 40% 氟硅唑（福星）乳油 5000~8000 倍液、10% 世高水分散粒剂 1500~2500 倍液、25% 粉锈宁可湿性粉剂 2000 倍液、25% 敌力脱乳油 4000 倍液、70% 十三吗啉乳油 3000 倍液、70% 甲基托布津可湿性粉剂 1000 倍液或 50% 多菌灵可湿性粉剂 500 倍液等。重病田隔 7~10d 再喷 1 次。

5. 诱导抗性：在发病前连续喷施硅酸钾、硫胺素、碳酸氢钾等可以有效控制病害的发生。

6. 与非豆科作物轮作 2~3 年。

绿豆链格孢叶斑病

病原菌

链格孢 *Alternaria alternate* 及 *Alternaria* 其他种。

分布与重要性

在所有绿豆产区普遍发生，在生育后期侵染植株地上的所有部分，但一般对产量影响不大。

症状

在叶片上，首先产生小的、褐色圆形病斑，随后发展成大的具有同心环的圆形或不规则性深褐斑，当几个病斑合并时，大部

（a）

（b） （c）

图1-8　绿豆链格孢叶斑病症状

分区域坏死。有时病斑坏死部分脱落，穿孔成枪眼状。潮湿时，病斑上可见黑色霉层［图1-8（a）、（b）、（c）］。

传播与流行

　　病原菌为腐生和弱寄生，寄主广泛。以菌丝体或分生孢子在病残体上，或其他寄主上越冬，成为翌年的初次侵染源。病原菌产生分生孢子可以通过风、雨、昆虫、种子等传播。潮湿（相对湿度大于75%）温暖（12~25℃）天气条件下和间隔降雨有利于病害发生和流行。

防治方法

　　1.合理密植，减少田间湿度。

　　2.收获后清除病残体。

　　3.药剂防治：以种子重量0.3%的50%福美双拌种；发病初期喷施75%代森锰锌可湿性粉剂或75%多菌灵可湿性粉剂600倍液，每隔7~10 d喷1次，连续防治2~3次。

绿豆叶腐病

病原菌

瓜亡革菌 *Thanatephorus cucumeris*（无性态：茄丝核菌 *Rhizoctonia solani*）。

分布与重要性

在绿豆所有产区均有发生，局部地区严重，植株下部叶片腐烂脱落，豆荚腐烂，导致减产和种子质量下降。

症状

病害最初发生在下部叶片，开始为小的形状各异的水浸状亮绿色病斑。在高湿和温暖的气候条件下，病斑迅速扩展，呈大的不规则状，中部为浅灰色，外部为深灰色，叶片发生腐烂，萎

（a）

（b）

（c）

（d）

图 1-9 绿豆叶腐病症状

缩和脱落，有时可见白色菌核。荚也可以被侵染［图 1-9（a）、（b）、（c）、（d）］。

传播与流行

病原菌以菌核在土壤中或以菌丝的方式在病残体上存活和越冬。下雨时，雨点将土壤中的病原菌溅至下部叶片导致初侵染。田间病害传播主要通过植株间的接触发生。多雨、高湿和温暖的气候利于发病。

防治方法

1. 降低种植密度，与禾本科作物轮作。

2. 收获后及时清除病残体。

3. 低洼地实行高畦栽培，雨后及时排水。

4. 药剂防治：在发病初期喷施 20% 甲基立枯磷乳油 1200 倍液、70% 甲基托布津可湿性粉剂 500 倍液、75% 多菌灵可湿性粉剂 600 倍液、75% 代森锰锌可湿性粉剂 600 倍液或 15% 恶霉灵水剂 450 倍液。

绿豆立枯病

病原菌

茄丝核菌 *Rhizoctonia solani*。

分布与重要性

在所有绿豆产区均严重发生，造成缺垄断苗，一般减产在20%以上。

症状

幼苗的根基部是主要侵染部位，被侵染后产生红褐色、长的溃疡性病斑，逐渐扩展至整个茎基部，病部缢缩或开裂，使幼苗生长受阻、倒折或逐渐枯萎死亡 [图 1–10（a）、（b）、（c）、（d）、（e）、（f）]。湿度大时，病部长出蛛丝状褐色霉状物，即病原菌菌丝。

传播与流行

病菌以菌丝体或菌核在土壤中或病残体上越冬，在土中可腐生 2~3 年。病菌通过风、水、农具、人和动物活动在田间传播和再侵染。土壤温度对病害的影响明显，病害发生的最适土壤温度为 18℃，正常的土壤湿度范围适合病害发生发展，但提高土壤湿度常常导致病害更严重发生，因此，苗期遇长期低温阴雨天气易发病。多年连作田块、地势低洼、地下水位高、排水不良发病重。

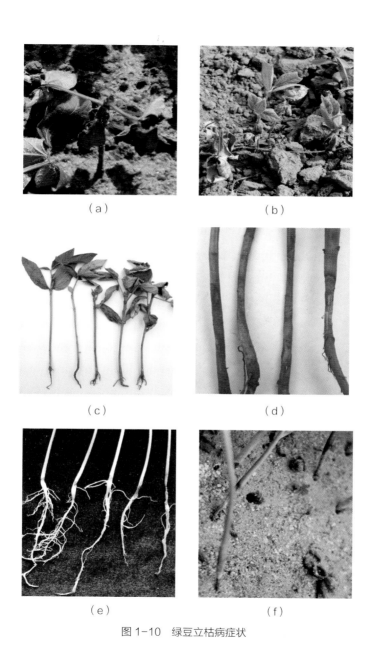

（a）　　　　　　　　　（b）

（c）　　　　　　　　　（d）

（e）　　　　　　　　　（f）

图1-10　绿豆立枯病症状

防治方法

　1. 提前整地可以减少发病率，浅播减少出苗损伤。

　2. 与禾谷类作物轮作 2~3 年。

　3. 适当施入石灰以调节土壤酸度至微酸性 / 中性。

　4. 进行中耕，促进新根生长，严重发病的地块，收获后进行深耕。

　5. 低洼地实行高畦栽培，雨后及时排水。

　6. 选用抗 / 耐病品种：选择在田间表现发病率低的品种种植。

　7. 药剂防治：以种子重量 0.3% 的 40% 拌种双或 50% 福美双拌种可以防止种子腐烂和幼苗猝倒。在发病初期喷施 20% 甲基立枯磷乳油 1200 倍液、70% 甲基托布津可湿性粉剂 500 倍液、5% 井冈霉素水剂 1500 倍液或 15% 恶霉灵水剂 450 倍液。连续防治 2~3 次。

绿豆枯萎病

病原菌

尖镰孢 *Fusarium oxysporum*。

分布与重要性

广泛分布与全国所有绿豆产区，在西北及华北地区尤为严重，可导致30%以上的产量损失，甚至绝产（图1-11）。

图1-11　绿豆枯萎病田间为害状

症状

病菌首先侵染小根和须根，然后向主根蔓延。侵染由根部分别向根冠和茎基部扩展，病部腐烂，后期侧根和主根大部分干缩，植株容易拔起。叶片叶脉间褪绿变黄，叶尖和叶缘焦枯，叶片由下而上逐渐枯萎但不脱落；根和茎部皮层组织及维管束变褐。早期侵染导致植株严重矮化［图 1-12（a）、（b）和图 1-13（a）、（b）、（c）］。

（a）   （b）

图 1-12 绿豆枯萎病病株

（a）   （b）   （c）

图 1-13 绿豆枯萎病症状

传播与流行

病菌以菌丝体及厚垣孢子在病残体和土壤中越冬，可在土壤中腐生多年，土壤带菌是病害发生的主要原因。在田间，病菌通过雨水或灌溉、农具及人畜活动等传播。地下水位高、土壤湿度大的地块，病害发生严重。

防治方法

1. 与非豆科作物轮作 3~5 年。

2. 种植抗病品种。

3. 收获后耕地深埋病残体。

4. 播种前防治地下害虫和线虫。

5. 不要用未腐熟的厩肥，增施磷肥、钾肥和石灰。

6. 不要漫灌，雨后及时排水。

7. 药剂防治：2.5% 适乐时悬浮种衣剂或 35% 多克福种衣剂种子包衣处理；发病初期喷施 50% 氯溴异氰尿酸可溶性粉剂 1000 倍液、50% 根腐灵可湿性粉剂 800 倍液、4% 嘧啶核苷类抗菌素（农抗 120）水剂 200 倍液、53.8% 可杀得 2000 干悬浮剂 1000 倍液、14% 络氨铜水剂 300 倍液或 50% 多菌灵可湿性粉剂 600 倍液，隔 10d 左右 1 次，连续防治 2~3 次。

绿豆炭腐病

病原菌

菜豆壳球孢 *Macrophomina phaseolina*。

分布与重要性

主要发生在华北及西北干旱地区，导致植株成熟前死亡（图 1-14）。

图 1-14　绿豆炭腐病大田为害状

症状

病害症状主要在绿豆生育后期（开花结荚期）出现，主要表现为叶片黄化、脉间组织坏死变褐、最后萎蔫和枯死，但附着在叶柄上不脱落，叶柄保留在茎秆上不脱落；在萎蔫植株主根和下部茎秆的表皮、下表皮和维管束组织及髓部产生大量的黑色球形微菌核，使病斑成为银灰特征［图 1–15（a）、（b）、（c）、（d）］。

（a）

（b）

（c）

（d）

图 1–15　绿豆炭腐病症状

传播与流行

　　病原菌以微菌核在土壤中、病残体或种子上越冬。高温、干旱气候有利病害发生。

防治方法

　　1.与禾本科作物轮作。

　　2.种植抗病或耐病品种。

　　3.收获后及时清除病残体，深埋或焚毁。

　　4.药剂防治：0.4%的50%多菌灵或（加）福美双可湿性粉剂拌种。

绿豆菌核病

病原菌

核盘菌 *Sclerotinia sclerotiorum*。

分布与重要性

在黑龙江、吉林、内蒙古、山西、河南等省区有分布，可导致严重减产。

症状

植株地上部分均可侵染，但多发生在近地面茎基部或下部茎秆分枝处，最初症状水浸状病斑，随后病斑上下扩展，变为白色，表皮组织发干崩裂，导致植株上部萎蔫、死亡。湿度大时，病部位有白霉长出。病茎组织中空，内有鼠粪状黑色菌核；病部表面白霉生长旺盛时，也有黑色菌核形成［图1-16（a）、（b）］。

传播与流行

菌核在土壤中、病残体上或混在堆肥及种子上越冬。越冬菌核在适宜条件下萌发产生子囊盘，子囊成熟后，遇空气湿度变化时将囊中孢子射出，随风传播。花最易被子囊孢子侵染，被侵染的花落到植株的其他部分引起病害发生。在冷凉潮湿条件下病害发生严重。因此，晚秋多雨极易引起本病流行。此外，豆类、向日葵等作物连作易加重发病。排水不良、偏施氮肥、

（a）　　　　　　　　　　　（b）

图 1-16　绿豆菌核病症状

通风差导致发病重；大风造成病健植株或组织相互接触传染，加重病害扩散。

防治方法

1. 清选种子，播种无菌核种子。

2. 种植耐病品种。

3. 重病地应与禾本科作物进行 5 年以上的轮作。

4. 选择排水良好的高燥地，适当晚播，合理密植。

5. 少施氮肥，增施磷钾肥。

6. 收获后及时清理病残体，进行深耕，将菌核埋入地面10cm 以下，使其不能萌发。

7. 药剂防治：发病初期喷施 50% 速克灵可湿性粉剂或 40%菌核净可湿性粉剂 1000~1500 倍液、50% 多菌灵可湿性粉剂600~800 倍液、50% 甲基托布津可湿性粉剂 500~700 倍液、40% 纹枯利可湿性粉剂 800~1000 倍液、50% 氯硝胺可湿性粉剂 1000 倍液。

绿豆荚腐病

病原菌

镰孢菌 *Fusarium* spp.［图 1-17（a）、（b）］。

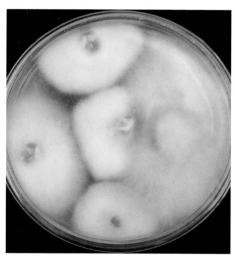

（a）　　　　　　　　　　（b）

图 1-17　绿豆荚腐病病原菌

分布与重要性

　　所有绿豆产区均有分布，其中在高温潮湿的南部地区发生严重，种子腐烂，导致严重减产和品质降低。

症状

　　主要侵染豆荚，高温高湿条件下在成熟荚产生灰白色霉层。

25

被侵染种子表现为变色、皱缩、腐烂［图 1-18（a）、（b）］。

（a）

（b）

图 1-18　绿豆荚腐病为害荚和种子的症状

传播与流行

　　病原菌在土壤中、病残体或种子上越冬。病原菌在田间借风、雨传播，高温、高湿气候有利病害发生，田间积水发病严重。

防治方法

　　1. 豆荚成熟后及时收获。

　　2. 雨后田间及时排水，防止积水。

　　3. 选择排水良好的高燥地，合理密植。

　　4. 收获后及时清理病残体，深埋或焚毁。

绿豆孢囊线虫病

病原物

大豆孢囊线虫 *Heterodera glycines* Ichinohe。

分布与重要性

主要分布在东北及华北地区，在黑龙江省和吉林省干旱地区为害严重，可导致较大的产量损失。

症状

在绿豆整个生育期均可为害，主要为害根系，被害植株地上部分表现为叶片褪绿、黄化，严重被害时植株矮化、瘦弱，叶片焦枯似火烧状。苗期被侵染严重时可导致植株死亡。根系被侵染，产生褐色病斑，根系发育受阻，须根减少，很少或不结瘤，被害根部表皮破裂，易受其他土传真菌侵染。雌虫成熟后在根上形成大小 0.3~0.5 mm 的白色或淡黄色球状颗粒（孢囊），这是鉴别孢囊线虫的重要特征 [图 1–19（a）、（b）]。

传播与流行

孢囊线虫以卵在孢囊内于土壤中越冬，成为翌年初侵染源。孢囊具有极强的抗逆境能力，在土壤中可存活 11 年以上。翌年春季温度在 16℃以上，卵发育孵化出 2 龄幼虫进入土壤，以口针侵入根系的皮层中吸食，虫体露于其外。孢囊线虫幼虫在土壤

（a）

（b）

图 1-19　绿豆孢囊线虫为害症状

中仅能做短距离的移动，活动范围很小。在田间主要通过农事耕作、田间水流或借风携带传播，也可混入未腐熟堆肥或种子携带远距离传播。土壤内线虫量大，是发病和流行的主要因素，盐碱土、沙质土发病重，连作田发病重。

防治方法

1. 选用适合当地的抗病品种。

2. 与禾本科植物实行轮作或种植诱捕作物。

3. 加强栽培管理，如增施有机肥、适时灌溉和追肥等。

4. 药剂防治：多克福等种衣剂进行种子包衣。

绿豆细菌性晕疫病

病原菌

丁香假单胞杆菌菜豆致病变种 *Pseudomonas syringae* pv. *phaseolicola*。

分布与重要性

主要分布在东北及西北绿豆产区，东北局部地区为害严重（图1-20）。

图 1-20　绿豆细菌性晕疫病田间为害情况

症状

主要为害叶片，也侵染豆荚和种子。最初，较下部叶片表面出现小的水浸斑，随后坏死，变为淡黄色到棕褐色。围绕病斑产生一个宽的黄绿色晕圈，病斑通常保持直径 1~2 mm，晕圈直径可以达 1 cm 左右 [图1-21（a）、（b）、（c）]。后期，病斑在叶

（a）　　　　　　　（b）　　　　　　　（c）

图 1-21　绿豆细菌性晕疫病早期叶部症状

脉间扩展，有时连接成片，病斑黑色，潮湿时病斑上产生白色的菌脓。荚被侵染产生水浸状病斑，潮湿时有白色菌脓产生［图 1-22（a）、（b）、（c）］。被侵染种子比正常种子小，种皮皱缩，变色。在严重侵染情况下，染病植株可以产生系统褪绿症状，植株矮化、叶片向下卷曲［图 1-23（a）、（b）］。

（a）　　　　　　　（b）　　　　　　（c）

图 1-22　绿豆细菌性晕疫病后期叶部症状及荚被侵染症状

传播与流行

　　病原菌种传，能在病组织内存活 1 年，种子带菌是主要初次

30

| （a） | （b） |

图 1-23　绿豆细菌性晕疫病系统侵染症状（图 a 由徐东旭拍摄）

侵染源。在田间，病原菌通过气孔或机械伤口侵入，通过风雨、水溅、农事操作等传播。冷凉、潮湿地区易发病。在 18~22℃温度利于病害流行，潜伏期 2~3d。在 28~32℃条件下潜伏期 6~10d，症状较轻，晕圈消失，但寄主内病原菌数量较多。

防治方法

1. 利用抗病品种。

2. 严格检疫，防止种子带菌传播蔓延；用合格的无病种子。

3. 用 45℃温水浸种 15 min，捞出后移入冷水种冷却，或用农用链霉素 500 倍液浸种 25h。

4. 与非豆科作物轮作 2~3 年。

5. 收获后翻耕深埋病残体，避免在植株潮湿时进行农事操作。

6. 病症初现时，喷施 72% 农用链霉素可湿性粉剂或新植霉素 4000 倍液或 77% 可杀得可湿性微粒粉剂（氢氧化铜可湿性粉剂）500~600 倍液，隔 7~10 d 1 次，防治 1~2 次。

绿豆细菌性叶疫病

病原菌

黄单胞杆菌菜豆疫病致病变种 *Xanthomonas campestris* pv. *phaseoli* (Smith) Dye (Syn. *Xanthomonas axonopodis* pv. *phaseoli*)。

分布与重要性

主要分布在东北及西北绿豆产区，东北局部地区为害严重。

症状

叶、茎、荚和种子上均可发病。发病初产生水浸状的小斑点。在叶片上迅速扩大，形成深褐色不规则病斑，边缘有黄色晕圈，干燥时病部往往易破裂。最后全叶干枯，似火烧状。荚上病斑近圆形或不规则形，红褐色，稍凹陷。茎上病斑红褐色，长条形，稍凹陷。种子受害，种皮皱缩，病斑淡黄色或淡褐色，潮湿时病部分泌出黄色细菌黏液〔图1-24（a）、（b）〕。

传播与流行

病原菌在种子或病残体上越冬。通过风雨、冰雹、昆虫、农具和人在菜豆生长的整个季节进行传播，荚局部病斑和系统侵染均导致种子污染。温暖、高湿的天气条件有利于病害的发生和流行，温度为28~32℃时，病害发生最重。

（a）

（b）

图 1-24　绿豆细菌性叶疫病症状

防治方法

1. 在无病田块留种，利用合格的无病种子，种植抗病品种。

2. 收获后耕地深埋病残体。

3. 与非豆科作物轮作 2~3 年。

4. 田间湿度很大时不要进行农事操作。

5. 发病初期，喷施 72% 农用链霉素可湿性粉剂或新植霉素 4000 倍液、50% 琥胶肥酸铜可湿性粉剂 500 倍液、12 绿乳铜乳油 500 倍液或 77% 可杀得可湿性微粒粉剂（氢氧化铜可湿性粉剂）500~600 倍液，隔 7~10 d 1 次，防治 1~2 次。

绿豆花叶病毒病

病原菌

菜豆普通花叶病毒 Bean common mosaic virus, BCMV。

分布与重要性

该病在所有绿豆产区均有分布，可造成严重的产量损失和种子质量下降。

症状

被该病毒侵染植株产生花叶，斑驳，叶片变形、扭曲，叶面皱缩，卷叶，起泡等症状，严重侵染时植株矮化（图 1-25）和［图 1-26（a）、（b）、（c）、（d）］。

图 1-25　绿豆花叶病毒病系统症状

（a）

（b）

（c）

（d）

图1-26 绿豆花叶病毒病症状

传播与流行

病毒通过种子传播，种传率高达 32%。病害在田间传播主要通过蚜虫，如豆蚜、桃蚜等，以非持久方式传播。病毒也可以通过花粉和机械摩擦传播。

防治方法

1. 选种无毒种子。

2. 种植抗病品种。

3. 苗期及时拔除病苗。

4. 用种子重量 0.4% 的 10% 吡虫啉可湿性粉剂拌种防治蚜虫。

5. 药剂防治蚜虫：喷施 10% 吡虫啉可湿性粉剂 2500 倍液、亩旺特 2000 倍液、丁硫克百威 1500 倍液、50% 辟蚜雾可湿性粉剂 2000 倍液、绿浪 1500 倍液、20% 康福多浓 4000 倍液或 2.5% 保得乳油 2000 倍液。

6. 药剂防治病毒病：在发病初期喷施 2% 或 8% 宁南霉素水剂、6% 低聚糖素水剂、0.5% 菇类蛋白多糖水剂、20% 盐酸吗啉胍·乙酸铜可湿性粉剂、6% 菌毒清、3.85% 病毒必克可湿性粉剂、40% 克毒宝可湿性粉剂、20% 病毒 A500 倍液或 5% 植病灵 1000 倍液。

绿豆菟丝子

寄生植物

菟丝子（*Cuscuta* spp.），俗称无根草、菟丝、黄丝、黄豆丝、黄缠等。茎丝状、纤细、光滑无毛，缠绕在寄主上以吸器深入寄主体内吸收营养和水分；无根；叶片退化成鳞片状，膜质；花小，多簇生。蒴果扁球形，种子近圆形，黄褐色或黑褐色，表面粗糙。

分布与重要性

在东北、华北和西北绿豆产区有分布，寄主范围极广，为国内检疫性寄生植物。

为害与传播

菟丝子主要靠种子传播。成熟的蒴果或种子一部分落入土壤里，另一部分收获时混入绿豆种子里进行传播。种子在土壤里可以存活 5 年以上。土壤温度在 10℃ 以上、含水量在 15% 以上时种子即可萌发。种子萌发时在种胚一端长出无色或黄白色较粗的圆锥形胚根，固定在土粒上，另一端在脱离种壳后长出黄白色细丝伸出土面，在空中旋转遇到寄主植物便缠绕其上，在接触点形成吸器进入寄主体内建立起寄生关系。菟丝子与寄主建立寄生关系后，茎继续伸长和不断分支缠绕寄主，以致覆盖整个寄主，最后导致寄主死亡［图 1-27 和图 1-28（a）、（b）］。

图 1-27　菟丝子为害绿豆

（a）　　　　　　　　　　　（b）

图 1-28　菟丝子为害绿豆导致植株死亡

防治方法

1. 加强检疫。

2. 精选豆种，汰除混杂的菟丝子种子。

3. 及早拔出田间病株，秋翻病田将菟丝子种子深埋。

4. 严重发病的地块与禾本科作物轮作 3~5 年。

5. 药剂防治：用敌草晴、地乐胺、毒草胺等防治。

二、虫害部分

豆 蚜

名称与分类地位

中文名：豆蚜；别名：苜蓿蚜、花生蚜；学名：*Aphis craccivora* Koch；英文名：Cowpea aphid；分类地位：同翅目，蚜科。

为害特点与分布

成虫和若虫刺吸嫩叶、嫩茎、花及豆荚的汁液，使生长点枯萎、叶片卷曲、皱缩、发黄，嫩荚变黄，甚至枯萎死亡，是豆科作物的重要害虫。豆蚜能够以半持久或持久方式传播许多病毒，是豆类作物的最重要传毒介体（图 2-1 和图 2-2）。目前，在我国除西藏自治区未见报道外，其余各省区均有豆蚜分布。

图 2-1　豆蚜为害绿豆

图 2-2　豆蚜为害蚕豆

二、虫害部分

41

形态特征

有翅胎生蚜体长 1.6~1.8 mm，翅展 5~6 mm；虫体黑绿色或黑褐色，有光泽；触角 6 节，第一节、第二节黑褐色，第三节至第六节黄白色，节间褐色，第三节有感觉圈 4~7 个，排列成行；腹管较长，末端黑色。无翅胎生蚜体长 2 mm 左右，体肥胖黑色、浓紫色或墨绿色，具光泽，中额瘤和额瘤稍隆；触角 6 节，第一节、第二节和第五节末端及第六节黑色，余黄白色；腹管长圆形，末端黑色；尾片黑色，圆锥形，两侧各具长毛 3 根。

生活习性与发生规律

一年发生 20~30 代，完成一代需 4~17 d，冬季在紫云英、豌豆上取食。每年以 5~6 月和 10~11 月发生较多，适宜豆蚜生长、发育和繁殖温度范围为 8~35℃；最适环境温度为 22~26℃，相对湿度 60%~70%，此时，豆蚜繁殖力最强，每头无翅胎生蚜可产若蚜 100 余头。在 12~18℃下若虫历期 10~14 d；在 22~26℃下，若虫历期仅 4~6 d。豆蚜对黄色有较强的趋性，对银灰色有忌避习性，且具较强的迁飞和扩散能力。

防治方法

1. 药剂防治：可选用下列药剂喷施：10% 吡虫啉可湿性粉剂 2500 倍液、亩旺特 2000 倍液、丁硫克百威 1500 倍液、50% 辟蚜雾可湿性粉剂 2000 倍液、绿浪 1500 倍液、20% 康福多浓 4000 倍液或 2.5% 保得乳油 2000 倍液。

2. 栽培防治：保护地可采用高温闷棚法：在 5 月、6 月份作物收获以后，用塑料膜将棚室密闭 4~5 d，消灭其中虫源。

大青叶蝉

名称与分类地位

中文名：大青叶蝉；别名：青大叶蝉、大浮尘子、菜蚱蜢；学名：*Cicadella viridis* (Linnaeus)；英文名：Green leafhopper；分类地位：同翅目，叶蝉科。

为害特点与分布

以成虫和若虫为害蚕豆叶片，刺吸汁液，造成叶片畸形、卷缩，甚至全叶枯死，对局部蚕豆生产有影响（图 2-3 和图 2-4）。大青叶蝉广泛分布于全国各地。

图 2-3　大青叶蝉刺吸绿豆（辽宁）

形态特征

成虫体长 7~10 mm，体色青绿色，头橙黄色；前胸背板深绿色，前缘黄绿色，前翅蓝绿色，后翅及腹背黑褐色；足 3 对，善

图 2-4　大青叶蝉为害绿豆（广西）

跳跃；卵为长卵形，一端略尖，中部稍凹，常以 10 粒左右排在一起；若虫初期为黄白色，头大腹小，胸、腹背面看不见条纹，3 龄后为黄绿色，并出现翅芽；老龄若虫体长 6~7 mm。

生活习性与发生规律

　　大青叶蝉一年发生多代，例如江西省为 13 代，北京市为 3 代。以卵越冬。翌年春季孵化后，若虫在杂草及其他作物上群集为害。成虫喜在蚕豆叶片背面为害，刺吸汁液。成虫具有趋光性，中午活动频繁。为害期一般为 25~35 d，每头成虫可产卵 30~70 粒，越冬卵期一般为 160 d。

防治方法

　　1. 物理防治：在重发区，在发生期，可利用成虫的趋光性进行黑光灯诱杀。

　　2. 药剂防治：在成虫发生高峰期喷施 50% 叶蝉散可湿性粉剂 1000 倍液或 10% 吡虫啉可湿性粉剂 2500 倍液。

　　3. 生物防治：饲养或保护天敌，如人工饲养和释放赤眼蜂、叶蝉柄翅卵蜂等寄生蜂。

点蜂缘蝽

名称与分类地位

中文名：点蜂缘蝽；别名：白条蜂缘蝽、豆缘蝽象；学名：*Riptortus pedestris* (Fabricius)；英文名：Bean bug；分类地位：半翅目，缘蝽科。

为害特点与分布

成虫和若虫刺吸汁液，在花木开花结实时，往往群集为害，致使蕾、花凋落，果荚不实或形成瘪粒，严重时全株枯死（图 2-5 和图 2-6），分布于全国各地。

图 2-5　点蜂缘蝽成虫为害绿豆　　　　图 2-6　点蜂缘蝽若虫为害芸豆

形态特征

成虫体长 15~17 mm，狭长，黄褐色至黑褐色，被白色细绒毛。头在复眼前部成三角形，后部细缩如颈。触角第一节长于第二节，前三节端部稍膨大，基半部色淡。喙伸达中足基节间。头、胸部两侧的黄色光滑斑纹成点斑状或消失。前胸背板前叶向前倾斜，前缘具领片。小盾片三角形。前翅膜片淡棕褐色，稍长于腹末。腹部侧缘稍外露，黄黑相间。后足腿节粗大，有黄斑。1~4 龄若虫体似蚂蚁，5 龄体似成虫，仅翅较短。

生活习性与发生规律

江西省南昌市每年发生 3 代，以成虫在枯枝落叶和杂草丛中越冬。翌年 3 月下旬开始活动，4 月下旬至 6 月上旬产卵。第一代若虫于 5 月上旬至 6 月中旬孵化，6 月上旬至 7 月上旬羽化为成虫，6 月中旬至 8 月中旬产卵。第二代于 7 月中旬至 9 月中旬羽化为成虫。第三代 9 月上旬至 11 月上旬羽化为成虫，10 月下旬以后陆续越冬。卵多散产于叶背、叶柄和嫩茎上。成虫和若虫极活跃，早、晚温度低时稍迟钝。

防治方法

1. 冬季结合积肥清除田间枯枝落叶及杂草，及时堆沤或焚烧，可消灭部分越冬成虫。

2. 在成虫、若虫为害盛期，选用 20% 杀灭菊酯 2000 倍液、21% 增效氰马乳油 4000 倍液或 2.5% 溴氰菊酯 3000 倍液、40% 速扑杀乳油 1500 倍液或 48% 乐斯本乳油 1000 倍液，喷雾 1~2 次。

稻棘缘蝽

名称与分类地位

中文名：稻棘缘蝽；别名：稻针缘蝽、黑棘缘蝽；学名：*Cletus punctiger* Dallas；英文名：Narrow coreid bug；分类地位：半翅目，缘蝽科。

为害特点与分布

以成虫和若虫在叶片上刺吸汁液，影响作物生长发育，造成减产。分布于广东、河北、山西、陕西、山东、河南、江苏、安徽、福建、湖南、浙江、湖北、江西、广西、四川、海南和西藏等省区（图2-7）。

图2-7　稻棘缘蝽取食绿豆叶片

形态特征

体长 9.5~11.6 mm，宽 2.8~7 mm。体黄褐色，密布黑褐色颗粒状刻点。触角第一节较粗，向外弯；触角基部三节棕红色，第四节棕褐色。复眼红褐色。前胸背板两侧有尖细的角，略向上翘。前翅分为革质和膜质两部分，革质与膜质连接处有一个浅色小斑点。卵似杏核，表面生有细密的六角形网纹。若虫共 5 龄，3 龄前长椭圆形，4 龄后长梭形。5 龄若虫褐色带绿，腹部具红色毛点，前胸背板侧角明显生出，前翅芽伸达第 4 腹节前缘。

生活习性与发生规律

湖北省一年发生 2 代，江西省、浙江省 3 代，以成虫在杂草根际处越冬。第一代若虫 5 月上旬至 6 月底孵出，第二代若虫于 6 月下旬至 7 月上旬始孵化，第三代若虫 8 月下旬孵化，9 月底至 12 月上旬羽化，11 月中旬至 12 月中旬逐渐蛰伏越冬。广东、云南、广西南部等省区无越冬现象。羽化后的成虫 7d 后在上午 10:00 前交配，交配后把卵产在寄主的茎、叶或穗上，多散生在叶面上。

防治方法

1. 农业措施：冬春清洁田园，铲除田边、沟边杂草，清洁稻田附近作物地的枯枝落叶，减少越冬虫源。

2. 药剂防治：在低龄若虫期，选用 20% 杀灭菊酯 2000 倍液、21% 增效氰马乳油 4000 倍液或 2.5% 溴氰菊酯 3000 倍液、2.5% 功夫乳油 3000 倍液或 10% 吡虫啉可湿性粉剂 1000~1500 倍液喷施。

稻绿蝽

名称与分类地位

中文名：稻绿蝽；别名：稻青蝽；学名：*Nezara viridula* Linnaeus；英文名：Southern green stink bug；分类地位：半翅目，蝽科。

为害特点与分布

成虫和若虫刺吸汁液，成虫和若虫吸食植株茎、叶或幼穗（荚）汁液，影响作物生长发育，造成减产（图2-8）。分布于全国。

图2-8　稻绿蝽为害绿豆嫩荚

形态特征

成虫体长 12~15.5 mm，宽 6~8.5 mm，全身青绿色。小盾板长三角形，前缘有 3 个横列的小白点，其末端超过腹部中央。足绿色，附节灰褐色。卵杯形，顶端周缘有一环白色小齿，中心降起，初产时淡黄色，后变为灰褐色。若虫共 5 龄，末龄若虫长 7.4~10 mm，青绿色。

生活习性与发生规律

一年发生 1~4 代，世代重叠，以成虫在杂草丛中或在土、石缝、树洞等隐蔽处越冬。在淮河以北地区一年发生 1 代，淮河以南发生 2~4 代。以成虫越冬。稻绿蝽有群集性。卵多产于叶片上，2~6 行排列成块状。每卵块 30~70 粒卵。成虫有强趋光性。越冬期间体色常由绿色变为紫褐色，越冬后又转为绿色。初孵若虫群集于卵壳上，2~3 龄若虫仍多群集为害，4 龄后分散为害。

防治方法

1. 农业措施：冬春清洁田园，铲除田边、沟边杂草，清洁稻田附近作物地的枯枝落叶，减少越冬虫源。

2. 药剂防治：在成虫迁入高峰期或 2~3 龄若虫期，每亩用 25% 喹硫磷乳油 100 ml、21% 增效氰马乳油 4000 倍液或 2.5% 溴氰菊酯 3000 倍液、2.5% 高效氯氟氰菊酯乳油 2000 倍液或 90% 晶体敌百虫 125 g 加水 50~60 kg，在傍晚喷施。

斑须蝽

名称与分类地位

中文名：斑须蝽；别名：细毛蝽；学名：*Dolycoris baccarum* Linnaeus；英文名：Sloe bug；分类地位：半翅目，蝽科。

为害特点与分布

成虫和若虫在豆类、玉米、棉花等作物的叶、果上刺吸为害，造成落蕾落花，茎叶出现黄褐色斑点（图2-9和图2-10）。斑须蝽在全国各地均有发生。

图2-9 斑须蝽为害绿豆叶片

图2-10 斑须蝽为害芸豆豆荚

形态特征

成虫体长 8~13 mm；黄褐色至红褐色，体被细毛，密布粗大刻点；触角 5 节，各节端部黑色，基部黄白色；小盾片近三角形，末端钝圆，光滑淡黄色；前翅革质部淡红褐色至暗红褐色，膜质部透明，稍带褐色；卵圆筒形，橘红色，有圆盖，聚产成块。

生活习性与发生规律

一年发生 2~3 代，以成虫在田间杂草、石缝土块下、枯枝落叶、树皮裂缝中及房檐下越冬。翌年 3 月下旬至 4 月上旬开始活动，4 月中旬交尾产卵，4 月下旬至 5 月上旬 1 代若虫孵化，7 月上旬 2 代若虫孵化，8 月中旬羽化为第 3 代成虫。成虫产卵时多将卵产在植物上部叶片正面或花蕾上。初孵若虫群集为害，2 龄以后分散为害，成虫于 10 月上中旬开始越冬。

防治方法

1. 药剂防治：由于高龄若虫抗药性强，防治必须在 3 龄若虫以前用药。选用 80% 敌敌畏乳剂 800~1000 倍液、90% 敌百虫 1000 倍液、2.5% 鱼藤精 500~800 倍液喷雾，均有较好的防治效果。

2. 生物防治：利用斑须蝽的天敌昆虫进行防治，如广赤眼蜂 *Trichogramma evanescens* Westwood 和松毛虫赤眼蜂 *Trichogramma dendrolimi* Mats 等。

三点盲蝽

名称与分类地位

中文名：三点盲蝽；学名：*Adelphocoris fasciaticollis* Reuter；异名：*A. taeniophorus* Reuter；分类地位：半翅目，盲蝽科。

为害特点与分布

成虫和若虫在豆类、苜蓿、棉花等作物上吸汁为害，使植物叶片出现褐色斑点，枝芽受害变枯黄（图2-11和图2-12）。分布北起黑龙江、内蒙古、新疆，南至江苏、安徽、江西、湖北和四川等省区。

图2-11　三点盲蝽为害绿豆茎秆

图2-12　三点盲蝽为害芸豆叶片

形态特征

　　成虫体长 7 mm 左右，黄褐色。触角与身体等长，前胸背板紫色，后缘具一黑横纹，前缘具黑斑 2 个，小盾片及两个楔片具 3 个明显的黄绿三角形斑。卵长 1.2 mm，茄形，浅黄色。若虫黄绿色，密被黑色细毛，触角第 2~4 节基部淡青色，有赭红色斑点。翅芽末端黑色达腹部第 4 节。

生活习性与发生规律

　　一年发生 3 代。以卵在洋槐、加拿大杨树、柳、榆及杏树树皮内越冬，卵多产在疤痕处或断枝的疏软部位。卵的发育起点温度为 8℃，幼虫发育起点 7℃，越冬卵在 5 月上旬开始孵化，若虫共 5 龄。5 月下旬至 6 月上旬羽化。第二代若虫 6 月下旬出现，7 月上旬第二代若虫羽化，7 月旬孵出第三代若虫。第三代成虫 8 月上旬羽化，从 8 月下旬在寄主上产卵越冬，多产在棉花叶柄与叶片相接处，其次在叶柄和主脉附近。

防治方法

　　1. 栽培防治：作物收获后，及时消除田间残株落叶，铲除杂草，消灭部分越冬虫源。

　　2. 药剂防治：在若虫初孵盛期或若虫期选用 10% 吡虫啉可湿性粉剂 1500 倍液、50% 辛硫磷乳油 1000 倍液、2.5% 功夫或 2.5% 溴氰菊酯 3000 倍液、灭杀毙（21% 增效氰·马菊酯乳油）4000~6000 倍液喷雾。

朱砂叶螨

名称与分类地位

中文名：朱砂叶螨；学名：*Tetranychus cinnabarinus* (Boisduval)；别名：棉花红蜘蛛、红叶螨、玫瑰赤叶螨；英文名：Carmine spider mite；分类地位：真螨目，叶螨科。

为害特点与分布

以成、若螨聚集叶背刺吸叶片汁液，被害处呈现失绿斑点或条斑，刚开始为害时不易被察觉，在为害重时叶片呈灰白色，逐渐干枯，尤其在干旱年份为害尤甚（图2-13和图2-14）。分布于全国各地。

图2-13　朱砂叶螨严重为害绿豆叶片

图2-14　朱砂叶螨为害绿豆嫩叶

形态特征

雌成虫：体长0.28~0.32 mm，体红至紫红色（有些甚至为黑色），在身体两侧各具一倒"山"字形黑斑，体末端圆，呈卵圆形。雄成螨体长 0.37~0.42 mm，宽 0.21~0.23 mm，比雌螨小。体呈菱形，头胸部前端近圆形，腹部末端尖削。体色为绿色、黄绿色或橙红色。

生活习性与发生规律

一年发生 10~20 代（由北向南逐增），越冬虫态及场所随地区而不同，在华北以雌成螨在杂草、枯枝落叶及土缝中越冬；在华中以各种虫态在杂草及树皮缝中越冬。翌春气温达 10℃以上，即开始大量繁殖。3~4 月先在杂草或其他寄主上取食，作物出苗后陆续向田间迁移，每雌产卵 50~110 粒，多产于叶背。卵期 2~13 d。可孤雌生殖，其后代多为雄性。后若螨则活泼贪食，有向上爬的习性。先为害下部叶片，而后向上蔓延。朱砂叶螨发育起点温度为 7.7~8.8℃，最适温度为 25~30℃，最适相对湿度为 35%~55%，因此高温低湿的 6~7 月份为害重，尤其干旱年份易于大发生。

防治方法

1. 农业防治：深翻土地，将螨虫翻入深层土中；及时彻底清除田间、地埂渠边杂草，减少朱砂叶螨的食料和繁殖场所，降低虫源基数，防止其转入田间。

2. 药剂防治：施用化学农药的重点是叶背面，注意轮换用药。选用下列化学农药可进行有效防治：48%乐斯本乳油 1500 倍液、20%螨克 1000 倍液喷雾、15%哒螨酮 3000 倍液、1%甲维盐 1500 倍液或 2.5%天王星乳油 1000~1500 倍液喷雾可兼治白粉虱。每隔 7~10 d 喷药 1 次，视情况轮换防治 2~3 次。

二斑叶螨

名称与分类地位

中文名：二斑叶螨；学名：*Tetranychus urticae* Koch；别名：二点叶螨，叶锈螨，棉红蜘蛛，普通叶螨；英文名：Twospotted spider mite；分类地位：蜱螨目，叶螨科。

为害特点与分布

在叶片的背面取食，刺穿细胞，吸取汁液，受害叶片先从近叶柄的主脉两侧出现苍白色斑点，随着为害的加重，可使叶片变成灰白色及至暗褐色（图2-15和图2-16）。分布于全国各地。

图2-15　二斑叶螨严重为害绿豆叶片

形态特征

雌成螨体长0.42~0.59mm，椭圆形，体背有刚毛26根，排成6横排。生长季节为白色、黄白色，体背两侧各具1块黑

57

图 2-16　二斑叶螨为害绿豆叶片的症状

色长斑，取食后呈浓绿色、褐绿色；当密度大或种群迁移前体色变为橙黄色。在生长季节绝无红色个体出现。滞育型体呈淡红色，体侧无斑。与朱砂叶螨的最大区别为在生长季节无红色个体，其他均相同。雄成螨，近卵圆形，前端近圆形，腹末较尖，多呈绿色。

生活习性与发生规律

　　在南方一年发生 20 代以上，在北方 12~15 代。在北方以受精的雌成虫在土缝、枯枝落叶下或小旋花、夏至草等宿根性杂草的根际等处吐丝结网潜伏越冬。在树木上则在树皮下，裂缝中或在根茎处的土中越冬。当 3 月气候平均温度达 10℃左右时，越冬雌虫开始出蛰活动并产卵。随着气温的升高，其繁殖也加快，在 6 月上中旬进入全年的猖獗为害期，于 7 月上中旬进入年中高峰期。尤其干旱年份易于大发生。

防治方法

　　同朱砂叶螨。

茶黄螨

名称与分类地位

中文名：茶黄螨；学名：*Polyphagotarsonemus latus* (Banks)；别名：侧多食跗线螨、茶半跗线螨、茶嫩叶螨；英文名：Broad mite；分类地位：蜱螨目，跗线螨科，茶黄螨属。

为害特点与分布

以成螨和幼螨集中在作物的幼嫩部分刺吸为害，导致受害叶片背面呈灰褐色或黄褐色，油渍状，叶片边缘向下卷曲；受害嫩茎、嫩枝变黄褐色，扭曲变形，严重时植株顶部干枯（图 2-17 和图 2-18）。分布全国各地。

图 2-17　茶黄螨严重为害绿豆嫩叶

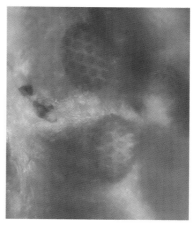

图 2-18　茶黄螨卵

形态特征

雌螨椭圆形，淡黄至橙黄色，半透明，足5对较短，第4对足纤细。雄成螨体近似六角形，末端圆锥形，比雌螨小，体淡黄至橙黄色，半透明，足较长而粗壮。幼螨椭圆形，淡绿色，腹部明显分三节，末端呈锥形。

生活习性与发生规律

南方一年发生25代左右。茶黄螨繁殖速度很快，喜温多湿，在28~30℃条件下4~5 d就可繁殖1代，而在18~20℃下也只需7~10 d。华北地区在大棚内一般在5月中下旬开始发生，6月中旬至9月中下旬为盛发期，露地为害高峰期在8~9月。冬季主要在温室内越冬，少数雌成虫可在冬季作物或杂草根部越冬，甚至为害。茶黄螨以两性生殖为主，也能进行孤雌生殖，但是未受精的卵孵化率低，而且均为雄性。卵散产于嫩叶的背面、幼果凹处或幼芽上，成螨活泼，尤其雄螨，当取食部位变老时，立即向幼嫩部位转移，并且还有搬运雌若螨至幼嫩部位的习性。

防治方法

1. 农业防治：清洁田园，铲除田边杂草，清除残株败叶。

2. 药剂防治：施用化学农药的重点主要是植株上部嫩叶、嫩茎、花器和嫩果，注意轮换用药。选用下列化学农药可进行有效防治：48%乐斯本乳油1500倍液、20%螨克1000倍液喷雾、15%哒螨酮3000倍液、1%甲维盐1500倍液或2.5%天王星乳油1000~1500倍液喷雾可兼治白粉虱。每隔7~10 d喷药1次，视情况连续防治2~3次。

烟粉虱

名称与分类地位

中文名：烟粉虱；学名：*Bemisia tabaci* (Gennadius)；别名：小白蛾子；英文名：Sweetpotato whitefly；分类地位：同翅目，粉虱科，小粉虱属。

为害特点与分布

烟粉虱以成虫、若虫刺吸植株汁液为害，造成植株长势衰弱，产量和品质下降，甚至整株死亡，并可传播30种植物上的70多种病毒病（图2-19和图2-20）。烟粉虱能忍受40℃以上高温。另外，成虫和若虫还分泌蜜露，引发煤污病，发生严重时，

图2-19　烟粉虱为害

图2-20 烟粉虱成虫和卵
（http://bugguide.net/node/
view/476442#882702）

61

叶片呈黑色，严重影响植株光合作用，其分布广泛，是一种世界性的害虫。

形态特征

成虫体长 0.85~0.91 mm，虫体淡黄白色到白色，复眼红色，肾形，单眼两个，触角发达 7 节。翅白色无斑点，被有蜡粉。前翅有二条翅脉，第一条脉不分叉，停息时左右翅合拢呈屋脊状。足 3 对，跗节 2 节，爪 2 个。蛹长 0.55~0.77 mm，宽 0.36~0.53 mm。背刚毛较少，4 对，背蜡孔少。头部边缘圆形，且较深弯。胸部气门褶不明显，背中央具疣突 2~5 个。侧背腹部具乳头状突起 8 个。侧背区微皱不宽，尾脊变化明显，瓶形孔大小。

生活习性与发生规律

烟粉虱的生活周期分为卵、4 个若虫期和成虫期，通常人们将第 4 龄若虫称为伪蛹。在热带和亚热带地区，一年可发生 20 多代，且世代重叠。烟粉虱在不同的寄主植物上的发育时间各不相同，在 25℃条件下，从卵发育到成虫需要 18~30 d 不等。成虫寿命为 10~20 d。成虫在适合的寄主上平均产卵 200 粒以上。

防治方法

1. 烟粉虱成虫对黄色有较强的趋性，可用黄色板诱捕成虫并涂以粘虫胶杀死成虫。

2. 当平均每株成虫 3 头时：用 3% 天达啶虫脒乳油 1200 倍液、24.5% 烯啶噻啉 1200~1500 倍液、2.5% 天王星乳油 3000 倍液、25% 噻嗪酮（扑虱灵）可湿性粉剂 2000 倍液、10% 吡虫啉可湿性粉剂 1500 倍液、2.5% 功夫菊酯乳油 2000~3000 倍液喷 2~3 次。

豆荚螟

名称与分类地位

中文名：豆荚螟；别名：豆荚斑螟、大豆荚螟、洋槐螟蛾、槐螟蛾；学名：*Etiella zinckenella* Treitschke；英文名：Limabean pod borer；分类地位：鳞翅目，螟蛾科。

为害特点与分布

以幼虫在豆荚内蛀食豆粒，被害籽粒重则蛀空，仅剩种子柄；轻则蛀成缺刻，几乎都不能作种子；被害籽粒还充满虫粪，变褐以致霉烂，严重影响产量和品质（图 2-21 和图 2-22）。除西藏自治区未见报道外，豆荚螟广泛分布在我国各省区。

图 2-21 豆荚螟蛀荚为害

图 2-22 豆荚螟为害的绿豆豆荚症状

63

形态特征

成虫体长 10~12 mm，翅展 20~24 mm；头、胸褐黄，前翅褐黄色，沿翅前脉有一条白色纹，前翅中室内侧有棕红金黄色宽带横纹；后翅灰白，边缘色泽较深；卵为椭圆形，初产乳白色，后转红黄色。幼虫共 5 龄，初为黄色，后转绿色，老熟幼虫背面紫红色，前胸背板近前缘中央有"人"字形黑斑，其两侧各有黑斑 1 个，后缘中央有小黑斑 2 个；气门黑色，腹足趾钩双环序；蛹长 9~10 mm，黄褐色，臀刺 6 根。

生活习性与发生规律

广东省一年发生 7 代，无明显越冬现象。4~5 月开始为害，6~9 月为害豇豆、豌豆等及豆科绿肥，10~11 月为害秋播大豆。干旱条件下发生量多，为害较重。成虫夜出，卵产于花瓣或嫩荚上，散产或数粒一起，每头雌成虫产卵 80~90 粒。幼虫孵化后，先在荚上吐丝做一丝囊，然后蛀入荚内，取食籽粒。老熟幼虫落于表土中结茧化蛹。卵期 3~6 d，幼虫期 9~12 d，成虫寿命 6~7 d。

防治方法

1. 栽培防治：及时清除田间的落花、落荚，摘除被害的卷叶和豆荚。

2. 物理防治：在豆田设黑光灯诱杀成虫。

3. 药剂防治：1.8% 阿维菌素乳油 2000 倍液、每 $667m^2$ 10 ml 康宽对水 30 kg 或 40% 灭虫清乳油每 $667m^2$ 30 ml，对水 50~60 L 后喷施，5% 锐劲特胶悬剂 2500 倍液喷雾。药剂防治从植株现蕾期开始，每隔 10 d 喷蕾、花 1 次，可以有效控制为害。

豇豆荚螟

名称与分类地位

中文名：豇豆荚螟；别名：豇豆螟、豇豆蛀野螟、豆荚野螟、豆野螟、豆螟蛾、豆卷叶螟、大豆卷叶螟、大豆螟蛾；学名：*Maruca testulalis* Geyer；英文名：Bean pod borer；分类地位：鳞翅目，螟蛾科。

为害特点与分布

幼虫为害豆叶、花及豆荚，常卷叶为害或蛀入荚内取食幼嫩的籽粒，荚内及蛀孔外堆积粪粒。严重受害地区，豆荚被蛀率达70%以上（图2-23和图2-24）。豇豆荚螟分布于北起吉林、内蒙古，南至广东、广西、台湾和云南等省区的广大地区，其中山东省发生较重。

图2-23　豇豆荚螟对绿豆蛀荚为害　　图2-24　豇豆荚螟为害绿豆豆荚的症状

65

形态特征

成虫体长 13 mm，翅展 20~26 mm，暗黄褐色；前翅中央有两个白色透明斑；后翅白色半透明，内侧暗棕色波状纹；卵为椭圆形，初产时淡黄绿色，近孵化时橘红色，有光泽，表面具六角形网纹；老熟幼虫体长约 18 mm，黄绿色，头部及前胸背板褐色；中、后胸背板上有黑褐色毛片 6 个；腹部各节背面具同样毛片 6 个。

生活习性与发生规律

华北地区一年发生 3~4 代，华中地区 4~5 代，华南地区 7 代，以蛹在土中越冬。每年 6~10 月为幼虫为害期。成虫多在夜间羽化，有趋光性，卵散产于嫩荚、花蕾和叶柄上，卵期 2~3 d。幼虫共 5 龄，初孵幼虫蛀入嫩荚或花蕾取食，造成蕾、荚脱落；3 龄后蛀入荚内食害豆粒。幼虫常吐丝缀叶为害。老熟幼虫在叶背主脉两侧结茧化蛹，也可吐丝下落土表或落叶中结茧化蛹。豇豆荚螟具有较广的温度适应范围，7~31℃都能正常发育。

防治方法

1. 栽培防治：及时清除田间的落花、落荚，摘除被害的卷叶和豆荚。

2. 物理防治：在豆田设黑光灯诱杀成虫。

3. 药剂防治：喷施 35% 辛·唑乳油 800 倍液或 1.8% 阿维菌素乳油 2000 倍液或 40% 灭虫清乳油每 667 m² 30 ml，对水 50~60 L 后喷施；每 667 m² 10 ml 康宽对水 30 kg 喷雾，5% 锐劲特胶悬剂 2500 倍液喷雾。药剂防治从植株现蕾期开始，每隔 10 d 喷蕾、花 1 次，可以有效控制为害。

豆卷叶野螟

名称与分类地位

中文名：豆卷叶野螟；别名：郁金野螟蛾；学名：*Sylepta ruralis* Scopoli；英文名：Bean webworm；分类地位：鳞翅目，螟蛾科。

为害特点与分布

低龄幼虫不卷叶，3龄后把叶横卷成筒状，藏在卷叶里取食，有时数叶卷在一起，豆类作物开花结荚期受害重，常引致落花、落荚（图2-25、图2-26和图2-27）。分布于全国各地。

图2-25　豆卷叶野螟　　　图2-26　豆卷　　图2-27　豆卷叶野螟
幼虫卷叶为害绿豆　　　叶野螟成虫　　低龄幼虫为害绿豆

形态特征

成虫体长12 mm，翅展25~26 mm，头黄白色，额圆形外突，头顶密生黄白色鳞毛；胸部、腹部背面黄白色或褐色。前翅黄白色，外横线为锯齿状浅灰黑色纹，内横线为浅灰黑色弯曲纹，中室内有褐色斑2个。后翅黄白色，生1条浅灰黑色波状横线。卵椭圆形，常两粒在一起。幼虫低龄幼虫黄白色，取食后头部及身体绿色，上颚黑褐色，中胸、后胸各具毛片4个，排列成一横行，腹部背面有2排毛片，前排4个，中间2个略大，毛片上生较长的刚毛。老熟幼虫体色变淡。蛹长15 mm，褐色，尾端臀棘上有钩刺4个。

生活习性与发生规律

在辽宁省一年发生2代，以2~3龄幼虫在残叶中越冬。6月下旬至7月上旬为成虫发生盛期，7月中下旬为卵盛期，7月下旬至8月上旬为幼虫盛发期，8月中下旬为化蛹盛期。第二次成虫8月下旬出现。成虫有趋光性，卵多产于叶背上，常2粒并产。幼虫3龄以后将叶片横卷成筒状，然后潜伏于其中啃食。幼虫有转移为害习性，受惊后迅速倒退逃逸，老熟后常做成1个新的虫苞在卷叶内化蛹。

防治方法

1. 农业防治：作物采收后及时清除田间的枯枝落叶，在幼虫发生期结合农事操作，人工摘除卷叶。

2. 物理防治：利用黑光灯诱杀成虫。

3. 药剂防治：在卵孵化盛期施药，控制效果较理想。可施用1%甲维盐1500倍液、1.8%阿维菌素乳油2000倍液或每667 m² 10 ml康宽对水30 kg喷雾、75%硫双灭多威可湿性粉剂2000倍液、20%虫死净可湿性粉剂2000倍液、2.5%溴氰菊酯乳油、20%杀灭菊酯乳油或20%除虫菊酯乳油。

大豆卷叶螟

名称与分类地位

中文名：大豆卷叶螟；别名：大豆卷叶虫、豆蚀叶野螟、豆三条野螟；学名：*Lamprosema indicata* Fabricius；英文名：Bean leaf webber；分类地位：鳞翅目，螟蛾科。

为害特点与分布

幼虫卷豆叶，在卷叶内啃食表皮和叶肉，后期蛀食豆荚或豆粒（图 2-28、图 2-29 和图 2-30）。分布于浙江、江苏、江西、福建、台湾、广东、广西、湖北、四川、河南、河北和内蒙古等省区。

图 2-28　大豆卷叶螟　　　图 2-29　大豆卷叶螟　　　图 2-30　大豆卷叶螟
低龄幼虫为害绿豆　　　　幼虫卷叶为害绿豆　　　　高龄幼虫取食绿豆叶片

形态特征

成虫体长 10 mm，翅展 18~21 mm，黄褐色，胸部两侧附有黑纹。翅面生有黑色鳞片。前翅外缘黑色，翅中有黑色横纹3条，内横线外侧有黑点。后翅外缘也为黑色，仅有2条黑色横线。卵椭圆形，淡绿色。幼虫共5龄，末龄幼虫体长约17 mm，头部及前胸背板淡黄色，口器褐色，胸部淡绿色，气门环黄色。亚背线、气门上、下线及基线有小黑纹。体表被生细毛。

生活习性与发生规律

　　大豆卷叶螟长江以南发生较重，南方地区年发生4~5代，以蛹在残株落叶内越冬。浙江省常年约在5月上中旬羽化，8~10月为发生盛期，11月前后以老熟幼虫在残株落叶内化蛹越冬。成虫夜出活动，具趋光性，雌蛾喜生长茂密的豆田产卵，散产于叶背，幼虫孵化后即吐丝卷叶或缀叶潜伏在卷叶内取食，老熟后可在其中化蛹，亦可在落叶中化蛹。该虫最适环境条件为气温22~34℃，相对湿度75%~90%。

防治方法

　　1. 农业防治：作物采收后及时清除田间的枯枝落叶，在幼虫发生期结合农事操作，人工摘除卷叶。

　　2. 物理防治：利用黑光灯诱杀成虫。

　　3. 药剂防治：在卵孵化盛期施药，控制效果较理想。可施用1%甲维盐1500倍液、1.8%阿维菌素乳油2000倍液或每677 m^2 10 ml康宽对水30 kg喷雾、75%硫双灭多威可湿性粉剂2000倍液、20%虫死净可湿性粉剂2000倍液、2.5%溴氰菊酯乳油、20%杀灭菊酯乳油、20%除虫菊酯乳油或2.5%高效氯氟氰菊酯1500倍液。

草地螟

名称与分类地位

中文名：草地螟；别名：黄绿条螟、甜菜网螟、网锥额野螟；学名：*Loxostege sticticalis* Linnaeus；英文名：Beet webworm；分类地位：鳞翅目、螟蛾科。

为害特点与分布

幼虫取食叶片造成缺刻或孔洞，大发生时成片将叶片吃光，导致缺苗断垄。常常是吃光一块地的植株后，集体迁移至另一块地继续为害（图 2-31 和图 2-32）。草地螟分布于北起黑龙江、内蒙古、新疆等省区，南限未过淮河。

图 2-31　草地螟幼虫为害绿豆叶片

图 2-32　蚕豆上的草地螟成虫

形态特征

成虫体长 8.5~10 mm，翅展 26~28 mm；体黄色并有褐色横纹，头、胸和腹部褐色，与玉米螟相似，但两者区别在于：草地螟颜面具锥形突起，玉米螟则无；草地螟虫体较玉米螟略小；草地螟两翅反面色浅，斑纹明显。幼虫体长 21 mm，腹部青绿色，背中央具白色纵线 3 条，各节具黑圈 2 个贯穿在胴部背面，形成 1 条黑纵纹。

生活习性与发生规律

6 月、7 月幼虫出现，一直延续至 8~9 月，一些年份虫口数量大，成虫在甜菜、大豆、亚麻、苜蓿田栖息或觅食花蜜。幼虫有跳跃及后退习性，爬过之处留有丝网，并以丝缀叶做卷，幼虫在内取食叶片。大发生时有成群为害的特点和迁移习性。幼虫老熟后在土内以丝黏结土粒做椭圆形茧，在其中化蛹。成虫有趋光性。

防治方法

1. 物理防治：选用黑光灯、高压汞灯、频振式杀虫灯等诱杀成虫，以降低成虫数量，减轻幼虫防治压力。

2. 栽培防治：除草灭卵，即在草地螟产卵至孵化期，利用中耕除草进行灭卵，将铲除的杂草带出农田沤肥或掩埋。

3. 药剂防治：用 2.5% 功夫 150~300 ml/hm²、1% 甲维盐 1500 倍液、1.8% 阿维菌素乳油 2000 倍液或每 667 m² 10 ml；10 ml 康宽对水 30 kg 喷雾、48% 乐斯本 600~750 ml/hm²、4.5% 高效氯氰菊酯 150~300 ml/hm² 或 80% 敌百虫 1500 g/hm² 进行防治。

豆天蛾

名称与分类地位

中文名：豆天蛾；别名：豆虫；学名：*Clanis bilineata tsingtauica* Mell；英文名：Greenish yellow-brown hawk moth；分类地位：鳞翅目，天蛾科。

为害特点与分布

以幼虫取食叶片，低龄幼虫吃成网孔状和缺刻状，3龄以后幼虫可以把豆叶全部吃光，使植株不能结荚，对于产量影响极大（图2-33）。分布于我国黄淮流域和长江流域及华南地区。

图2-33　豆天蛾幼虫为害绿豆

形态特征

成虫体长40~45 mm，翅展100~120 mm。体、翅黄褐色，前翅狭长，前缘近中央有较大的半圆形褐绿色斑，中室横脉处有一个淡白色小点，翅顶有一个三角形暗褐色斑。后翅较小，暗褐色，基部上方有超色斑。卵椭圆形，初产黄白色，后转褐色。老熟幼虫体长约 90 mm，黄绿色，体表密生黄色小突起。胸足橙褐色。腹部两侧各有 7 条向背后倾斜的黄白色条纹，臀背具尾角 1 个。蛹红褐色，纺锤形。

生活习性与发生规律

豆天蛾每年发生 1~2 代，一般黄淮流域发生 1 代，长江流域和华南地区发生 2 代。以末龄幼虫在土中 9~12cm 深处越冬，越冬场所多在豆田及其附近土堆边、田埂等向阳地。成虫昼伏夜出，白天栖息于生长茂盛的作物茎秆中部，傍晚开始活动。飞翔力强。有喜食花蜜的习性，对黑光灯有较强的趋性。卵多散产于豆株叶背面，每叶上可产 1~2 粒卵。初孵幼虫有背光性，白天潜伏于叶背，1~2 龄幼虫一般不转株为害，3~4 龄因食量增大则有转株为害习性。

防治方法

1. 物理防治：采用黑光灯诱杀成虫。

2. 栽培防治：及时秋耕、冬灌，降低越冬基数。

3. 药剂防治：幼虫 3 龄前喷药防治，4.5% 高效氯氰菊酯 1500~2000 倍液、50% 辛硫磷乳油 1500 倍液、1% 甲维盐 1500 倍液、1.8% 阿维菌素乳油 2000 倍液或 40% 灭虫清乳油每 667 m^2 30ml 对水 50~60L 后喷施或每 667 m^2 10ml 康宽对水 30 kg 喷雾。

斜纹夜蛾

名称与分类地位

中文名：斜纹夜蛾；别名：莲纹夜蛾、莲纹夜盗蛾；学名：*Prodenia litura* (Fabricius)；异名：*Spodoptera litura* (F.)；英文名：Tobacco cutworm；分类地位：鳞翅目，夜蛾科。

为害特点与分布

幼虫取食叶片、花蕾、花及果实，严重时可将全田作物吃光。初孵幼虫群集取食，3龄前仅取食叶片的下表皮和叶肉，残留上表皮和叶脉，使被害叶片呈现网状（图2-34和图2-35）。斜纹夜蛾分布在全国各地。

图2-34　斜纹夜蛾幼虫为害绿豆　　图2-35　斜纹夜蛾低龄幼虫为害绿豆

形态特征

成虫体长14~20 mm，翅展35~40 mm；头、胸、腹均深褐色，胸部背面有白色丛毛，腹部前数节背面中央具暗褐色丛毛；前翅灰褐色，内横线及外横线灰白色，波浪形，中间有白色条纹，在环状纹与肾状纹间，自前缘向后缘外方有 3 条白色斜线，故名斜纹夜蛾；后翅白色，无斑纹；卵初产黄白色，后转淡绿，孵化前紫黑色。老熟幼虫体长 35~47 mm，头部黑褐色，腹部体色因寄主和虫口密度不同而异：土黄色、青黄色、灰褐色或暗绿色。

生活习性与发生规律

在我国华北地区一年发生 4~5 代，长江流域 5~6 代，福建省 6~9 代。长江流域多在 7~8 月大发生，黄河流域多在 8~9 月大发生。成虫夜间活动，有趋光性，并对糖醋酒液及发酵的胡萝卜、麦芽、豆饼、牛粪等有趋性。卵多产于高大、茂密、浓绿的边际作物上，以植株中部叶片背面叶脉分叉处最多。初孵幼虫取食后形成透明的网状叶，易于识别；4 龄后进入暴食期，多在傍晚出来为害。幼虫共 6 龄。老熟幼虫在 1~3 cm 表土内筑土室化蛹，土壤板结时可在枯叶下化蛹。

防治方法

1. 物理防治：采用黑光灯诱杀成虫。

2. 栽培防治：利用成虫趋化性，在田间设置糖醋盆进行诱杀。

3. 药剂防治：幼虫 3 龄前为点片发生阶段，进行挑治，不必全田喷药。4 龄后夜出活动，因此施药应在傍晚前后进行。卵孵化盛期，用 Bt 可湿性粉剂 1000 倍液，或 20% 除虫脲或 25% 灭幼脲悬浮剂 500~1000 倍液。2~3 龄幼虫用 1% 甲维盐 1500 倍液、1.8% 阿维菌素乳油 2000 倍液、5% 锐劲特悬浮剂 2500 倍液、15% 菜虫净乳油 1500 倍液、40% 灭虫清乳油每 667 m² 30 ml 对水 50~60 L 后喷施或每亩 10 ml 康宽对水 30 kg 喷雾。

甜菜夜蛾

名称与分类地位

中文名：甜菜夜蛾；别名：贪夜蛾；学名：*Laphygma exigua* Hubner；异名：*Spodoptera exigua*；英文名：Beet armyworm；分类地位：鳞翅目，夜蛾科。

为害特点与分布

初孵幼虫群集叶背，吐丝结网，在其内取食叶肉，留下表皮，成透明的小孔。3龄后可将叶片吃成孔洞或缺刻，严重时仅余叶脉和叶柄，致幼苗死亡，造成缺苗断垄，甚至毁种（图2-36、图2-37和图2-38）。甜菜夜蛾分布北起黑龙江、南至广东、广西，东起沿海各省，西达陕西、四川、云南等省。

图2-36　甜菜夜蛾幼虫

图2-37　甜菜夜蛾幼虫严重为害绿豆

图2-38　甜菜夜蛾幼虫为害绿豆

形态特征

成虫体长8~10 mm，翅展19~25 mm，灰褐色；前翅灰褐

色，内横线双线黑色，波浪形外斜；剑纹为一黑条；环纹粉黄
色，黑边；肾纹粉黄色，中央褐色，黑边；中横线黑色，波浪
形；外横线双线黑色，锯齿形，前、后端的线间白色；后翅白
色，翅脉及缘线黑褐色；末龄幼虫体长约 22 mm，体色变化很
大，由绿色、暗绿色、黄褐色、褐色至黑褐色；较明显的特征
为：腹部气门下线为明显的黄白色纵带，有时带粉红色，此带直
达腹部末端，不弯到臀足上，是区别于甘蓝夜蛾的重要特征。

生活习性与发生规律

北京市、陕西省一年发生 4~5 代，山东省 5 代，湖北省 5~6
代，江西省 6~7 代，世代重叠。江苏、河南、山东等省以蛹在土
内越冬，江西省、湖南省以蛹在土中、少数未老熟幼虫在杂草上
及土缝中越冬，冬暖时仍见少量取食。在亚热带和热带地区可周
年发生，无越冬休眠现象。

防治方法

1. 栽培防治：秋末初冬耕翻曾发生过甜菜夜蛾的田地，可杀
灭部分越冬蛹；春季 3~4 月除草以消灭杂草上的初龄幼虫；结合
田间操作摘除卵块，捕杀低龄幼虫。

2. 药剂防治：在幼虫 3 龄前选用 1% 甲维盐 1500 倍液、
1.8% 阿维菌素乳油 2000 倍液或 40% 灭虫清乳油每 667 m² 30ml
对水 50~60 L 后喷施或每 667 m² 10ml 康宽对水 30 kg 喷雾或 90%
晶体敌百虫 1000 倍液、20% 杀灭菊酯乳油 2000 倍液、5% 抑太
保乳油 3500 倍液、20% 灭幼脲 1 号胶悬剂 1000 倍液进行防治。

3. 生物防治：喷施含量 100×10^8 孢子 /g 的杀螟杆菌或青虫
菌粉 500~700 倍液；采用甜菜夜蛾性外激素进行成虫诱捕。

豆银纹夜蛾

名称与分类地位

中文名：豆银纹夜蛾；别名：黑点银纹夜蛾、黑点 Y 纹夜蛾、豌豆造桥虫、豌豆黏虫、豆步曲；学名：*Autographa nigrisigna* Walker；英文名：Mentha semilooper；分类地位：鳞翅目，夜蛾科。

为害特点与分布

幼虫取食叶片造成孔洞或缺刻，并排泄粪便污染植株，影响作物生长（图 2-39 和图 2-40）。豆银纹夜蛾分布于东北、河北、江苏、台湾、河南、陕西、宁夏、四川和西藏等省区。

图 2-39　豆银纹夜蛾幼虫为害绿豆

形态特征

成虫体长 17 mm，翅展 34 mm；黑褐色，后胸及第 1 和第 3 腹节背面有褐色毛块；前翅中央具显著的银色斑点及 U 形银

图 2-40　豆银纹夜蛾低龄幼虫为害绿豆

纹；后翅淡褐色，外缘黑褐色；卵半球形，黄绿色，表面具纵横网格；末龄幼虫体长 32 mm；头部褐色，两颊具黑斑；胸部黄绿色，背面具 8 条淡色纵纹，气门线淡黄色；胸足 3 对，黑色；腹足 2 对；尾足 1 对，黄绿色。

生活习性与发生规律

　　我国北方地区一年发生 2~3 代。成虫在 6~8 月出现。有趋光性，卵散产或成块产于叶背，幼虫 6~8 月间为害豌豆、大豆、甘蓝、白菜、莴苣、向日葵叶片。老熟幼虫在植株上结薄茧化蛹。

防治方法

　　1. 药剂防治：可用 1% 甲维盐 1500 倍液、1.8% 阿维菌素乳油 2000 倍液或每 667 m² 10 ml 康宽对水 30 kg 喷雾、10% 吡虫啉可湿性粉剂 2500 倍液、5% 抑太保乳油 2000 倍液，在幼虫低龄期喷施，隔 15~20 d 喷雾 1 次，防治 1~2 次。

　　2. 生物防治：用含量 100×10^8 孢子 /g 的青虫菌粉剂 1500 倍液喷雾。

银锭夜蛾

名称与分类地位

中文名：银锭夜蛾；别名：莲纹夜蛾；学名：*Macdunnoughia crassisigna* (Warren)；英文名：Silveringot semilooper；分类地位：鳞翅目，夜蛾科。

为害特点与分布

幼虫为害寄主叶片，咬成缺刻或孔洞，影响作物生长（图 2-41 和图 2-42）。分布在中国的东北、华北、华东、西北以及西藏等地区。

图 2-41 银锭夜蛾成虫在绿豆上栖息状（一）

形态特征

成虫体长 15~16 mm，翅展 32 mm，头胸部灰黄褐色，腹部黄褐色。前翅灰褐色，马蹄形银斑与银点连成一凹槽，锭形银

图 2-42　银锭夜蛾成虫在绿豆上栖息状（二）

斑较肥，肾形纹外侧具 1 条银色纵线，亚端线细锯齿形，后翅褐色。末龄幼虫体长 30~34 mm，头较小，黄绿色，两侧具灰褐色斑；背线、亚背线、气门线、腹线黄白色，气门线尤为明显。各节间黄白色，毛片白色，气门筛乳白色，围气门片灰色，腹部第八节背面隆起，第九节和第十节缩小，胸足黄褐色。

生活习性与发生规律

　　在内蒙古、黑龙江、河北一年发生 2 代，以蛹越冬，幼虫于 6~9 月出现，在吉林 6 月下旬幼虫为害菊科植物和大豆，7 月中旬老熟幼虫在叶间吐丝缀叶，结成浅黄色薄茧化蛹，8 月上旬羽化为成虫。

防治方法

　　药剂防治：可用 1% 甲维盐 1500 倍液、1.8% 阿维菌素乳油 2000 倍液或每 667 m² 10 ml 康宽对水 30 kg 喷雾、10% 吡虫啉可湿性粉剂 2500 倍液、5% 抑太保乳油 2000 倍液，在幼虫低龄期喷施，隔 15~20 d 喷雾 1 次，防治 1~2 次。

棉铃虫

名称与分类地位

中文名：棉铃虫；别名：棉铃实夜蛾；学名：*Helicoverpa armigera* (Hubner)；异名：*Heliothis armigera* Hubner；英文名：Cotton bollworm；分类地位：鳞翅目，夜蛾科。

为害特点与分布

幼虫取食叶片和蛀荚为害，造成被害作物严重减产（图2-43和图2-44）。棉铃虫广泛分布于我国各地。

图2-43 棉铃虫幼虫蛀荚为害绿豆

图2-44 棉铃虫高龄幼虫钻蛀为害绿豆

形态特征

成虫体长14~18 mm，翅展30~38 mm，灰褐色。前翅具褐色环状纹及肾形纹，肾纹前方的前缘脉上有两褐纹，肾纹外侧为褐色宽横带，端区各脉间有黑点。后翅黄白色或淡褐色，端区褐色或黑色。老熟幼虫体长 30~42 mm，体色变化很大，由淡绿色、淡红色至红褐色乃至黑紫色，常见为绿色型及红褐色型。头部黄褐色，背线、亚背线和气门上线呈深色纵线，气门白色，腹足趾钩为双序中带。蛹长 17~21 mm，黄褐色。

生活习性与发生规律

华北及黄河流域一年发生 4 代，长江流域 4~5 代，华南6~8 代，以滞育蛹在土中越冬。黄河流域越冬代成虫于 4 月下旬始见，第一代幼虫主要为害小麦、豌豆等，其中麦田占总量70%~80%，第二代成虫始见于 7 月上中旬。成虫在夜间交配产卵，每头雌成虫平均产卵 1000 粒；幼虫多通过 6 龄发育，3 龄以上幼虫常互相残杀。老熟幼虫在 3~9 cm 表土层筑土室化蛹。

防治方法

1. 栽培防治：收获后进行冬耕冬灌，消灭越冬蛹。

2. 生物防治：使用 Bt 制剂及棉铃虫病毒制剂；通过推行棉麦套种，充分发挥天敌对棉铃虫的控制作用。

3. 物理防治：利用灯光或杨树枝把诱杀成虫。

4. 药剂防治：在成虫产卵盛期施药，控制效果较理想。可施用 1% 甲维盐 1500 倍液、1.8% 阿维菌素乳油 2000 倍液或每 667 m^2 10 ml 康宽对水 30kg 喷雾、2.5% 抑太保或卡死克乳油 1000 倍液、75% 硫双灭多威可湿性粉剂 1500~2500 倍液、2.5% 天王星乳油 3000 倍液、20% 虫死净可湿性粉剂 2000 倍液等杀虫剂。

豆卜馍夜蛾

名称与分类地位

中文名：豆卜馍夜蛾；别名：豆髯须夜蛾；学名：*Bomolocha tristalis* Lederer；英文名：Bean noctuid；分类地位：鳞翅目，夜蛾科。

为害特点与分布

幼虫取食豆类作物叶片，导致叶片缺刻或孔洞，严重时可将全叶吃光，仅剩叶脉（图2-45和图2-46）。分布于华北、东北、西北和中南等地区。

图2-45　豆卜馍夜蛾幼虫为害绿豆　　图2-46　豆卜馍夜蛾幼虫取食绿豆叶片

形态特征

成虫体长13~14 mm，翅展28~32 mm。前翅棕褐色，在翅中室至前缘有1黑色斑，雌蛾更显。翅顶角有半圆形白色区，外

85

围棕黑色，亚缘线由 1 列黑点组成，缘线为 1 列新月形黑点。后翅灰褐色。幼虫老熟时体长 27~31 mm。头部绿色胴部草绿色，体细长。背线、亚背线为不太明显的半透明绿色线，气门线白色，其中以第 8 ~10 腹节最显著。节间分明，节间膜黄白色。腹足灰绿色。第一对退化，第二对较小，行动似尺蠖。腹足趾钩为单序中带。蛹近纺锤形，红褐色至黑褐色腹部末端有钩刺 4 对，中间 1 对粗长而卷曲。

生活习性与发生规律

在吉林省一年发生 1 代，7 月中旬至 8 月上旬幼虫为害大豆、绿豆等作物，7 月下旬至 8 月中旬化蛹，8 月下旬至 9 月上旬羽化成虫。成虫具有趋光性，夜间活动。幼虫多在豆株上部为害，比较活泼，一触即动跳落豆株中部叶片或地上，幼虫老熟后在卷叶内化蛹。

防治方法

1. 栽培防治：收获后进行冬耕冬灌，消灭越冬蛹。

2. 药剂防治：在成虫产卵盛期施药，控制效果较理想。可施用 1% 甲维盐 1500 倍液、1.8% 阿维菌素乳油 2000 倍液或每 667 m^2 10 ml 康宽对水 30kg 喷雾、2.5% 抑太保或卡死克乳油 1000 倍液、75% 硫双灭多威可湿性粉剂 1500~2500 倍液、2.5% 天王星乳油 3000 倍液、20% 虫死净可湿性粉剂 2000 倍液或 2.5% 溴氰菊酯乳油、20% 杀灭菊酯乳油、20% 除虫菊酯乳油。

红缘灯蛾

名称与分类地位

中文名：红缘灯蛾；别名：红袖灯蛾；学名：*Amsacta lactinea* Cramer；英文名：Soybean wolly bear；分类地位：鳞翅目，灯蛾科。

为害特点与分布

幼虫食害叶片。初龄幼虫群集为害，3龄以后分散，可将叶片吃成缺刻，严重时吃光叶片（图2-47）。分布于全国各地。

图2-47 红缘灯蛾低龄幼虫群集为害绿豆叶片

形态特征

　　成虫头颈部红色。腹部背面橘黄色，但第一节白色，自第二节起每节前缘呈黑色带状，腹部腹面白色。前后翅粉白色，前翅前缘鲜红色，中室上角有一黑点，后翅中室端部常具新月形黑斑。低龄幼虫体黄色或橙黄色，5龄幼虫体棕褐色，除第一节及末节外，每节都有12个毛瘤，毛瘤上丛生棕黄色长毛。气门和腹足红色。蛹黑褐色，有光泽，腹部10节。卵初产黄白色，有光泽，后渐变为灰黄色至暗灰色。

生活习性与发生规律

　　北方一年发生1代，以蛹越冬。第二年5~6月开始羽化，成虫晚间活动，有趋光性，产卵呈块状。初孵幼虫群集取食，遇惊扰时吐丝下垂扩散为害。3龄以后蚕食叶片，使叶片残缺不全。老熟幼虫可在各种缝隙中化蛹。成虫出现于4~9月，生活在平地至低海拔山区。夜晚具趋光性。

防治方法

　　1. 农业防治：及时耕翻，铲除杂草；在卵盛期或幼虫初孵期及时摘出，集中消灭。

　　2. 物理防治：选用黑光灯、频振式杀虫灯等诱杀成虫。

　　3. 药剂防治：在低龄幼虫盛发期用2.5%功夫2000倍液、1%甲维盐1500倍液、1.8%阿维菌素乳油2000倍液或每667 m² 10 ml康宽对水30 kg喷雾48%乐斯本600~750 ml/hm²、4.5%高效氯氰菊酯150~300 ml/hm²或2.5%敌杀死乳油2000倍液进行防治。

棉大造桥虫

名称与分类地位

中文名：棉大造桥虫；别名：棉叶尺蛾、脚攀虫；学名：*Ascotis selenaria* Schiff. *et* Denis；英文名：Mugword looper；分类地位：鳞翅目，尺蛾科。

为害特点与分布

幼虫食芽叶及嫩茎，从叶边咬食，严重时食成光秆（图2-48和图2-49）。分布于全国各地。

图2-48 棉大造桥虫幼虫为害绿豆叶片

图2-49 棉大造桥虫幼虫在绿豆叶片上爬行状

形态特征

成虫体长为 16~20 mm，前翅暗灰色稍带白色，中央有半月形白斑，外缘有 7~8 个半月形黑斑，连成一片。老熟幼虫体长 40 mm，黄绿色，圆筒形，光滑，两侧密生黄色小点，背线宽淡青至青绿色，亚背线灰绿色至黑色，自有胸足 3 对，腹足 2 对生于第 6 和第 10 腹节，黄绿色，端部黑色，尾足 1 对。

生活习性与发生规律

在长江流域棉区一年发生 4~5 代，以蛹在土中越冬。第一代主要为害豆类，第二代主要为害棉花，第三代因气候炎热，发生不太严重，第四代在棉田和大豆田发生大量增加。成虫昼伏夜出，趋光性强，羽化后 2~3 d 产卵，多产在地面、土缝及草秆上，大发生时枝干、叶上都可产，数十粒至百余粒成堆，每雌可产 1000~2000 粒。初孵幼虫可吐丝随风飘移传播扩散。10~11 月以末代幼虫入土化蛹越冬。棉花与豆类间作的田块发生较重。

防治方法

1. 农业防治：及时耕翻，铲除杂草；在卵盛期或幼虫初孵期及时摘除，集中消灭。

2. 物理防治：选用黑光灯、频振式杀虫灯等诱杀成虫。

3. 药剂防治：在低龄幼虫盛发期用 2.5% 功夫 2000 倍液、1% 甲维盐 1500 倍液、1.8%阿维菌素乳油 2000 倍液或每 667 m^2 10 ml 康宽对水 30kg 喷雾、48% 乐斯本 600~750 ml/hm^2、5% 高效氯氰菊酯 3000 倍液或 2.5% 敌杀死乳油 2000 倍液进行防治。

蛴　螬

名称与分类地位

蛴螬是金龟子类害虫的幼虫。学名：东北大黑鳃金龟 *Holotrichia diomphalia* Bates、暗黑鳃金龟 *Holotuichia parallela* Motschulsky、铜绿丽金龟 *Anomala corpulenta* Motschulsky 等。鞘翅目，金龟科。

为害特点与分布

蛴螬取食豆类的须根和主根，虫量多时可将须根和主根外皮吃光，咬断，地下部食物不足时夜间出土活动为害近地面茎秆表皮，造成地上部枯黄早死（图 2-50、图 2-51 和图 2-52）。分布于全国各地。

形态特征

以东北大黑鳃金龟为例：成虫体长 16~21 mm，体宽 8~11 mm，长椭圆形，黑色或黑褐色，有光泽。触角 10 节，鳃片部 3 节呈黄褐色或赤褐色。前胸背板两侧缘呈弧状外扩，最宽处在中间。鞘翅上散生小刻点，每侧有 4 条明显的纵肋。腹部末端外露。老熟幼虫体长 35~45 mm，身体弯曲，多皱纹。头部黄褐色，胸腹部乳白色，胸足 3 对。头部前顶刚毛每侧各 3 根成一纵列，肛门孔三裂，腹毛区钩状刚毛散生，无刺毛列。

图 2-50　绿豆根部的蛴螬

图 2-51　被蛴螬咬断的绿豆

图 2-52　蛴螬咬食绿豆根

生活习性与发生规律

大黑鳃金龟在我国各地多为两年发生 1 代。分别以成虫和幼虫越冬。成虫在土下 30~50 cm 处越冬，羽化的成虫当年不出土，一直在化蛹土室内匿伏越冬，到 4 月中下旬地温上升到 14℃以上时，开始出土活动。幼虫一般在土下 55~145 cm 处越冬，越冬幼虫第二年 5 月上旬开始为害幼苗地下部分。连作地块发生较重，轮作田块发生较轻。

防治方法

1. 农业防治：彻底清除沟渠及田边杂草，消灭蛴螬的繁殖场所。适时浇水抗旱，可以降低卵孵化成活率，减少其为害。化学防治前先灌水抗旱，可极显著地提高化学防治效果。轮作倒茬，可进行水旱轮作，能显著减轻为害。

2. 药剂防治：以播种期防治与幼虫孵化期防治为重点，配合成虫盛发期药剂防治，效果较好。

（1）播种时药剂处理：用 50% 辛硫磷乳油或辛硫磷微胶囊剂，进行种子拌种，是保护种子和幼苗免遭地下害虫为害的有效方法；或在播种时撒施 3% 呋喃丹，每亩 3.5~5 kg，能有效保护种子和幼苗免遭为害。

（2）作物生长期间防治蛴螬可进行土壤处理或灌根：50% 辛硫磷乳油每 667 m² 300 g，结合灌水施入土中；或用 50% 辛硫磷乳油 250 g，加水 1000~1500 kg，或 90% 敌百虫 800 倍液，在豆株旁开沟进行灌注，可取得良好的防治效果。

绿芫菁

名称与分类地位

中文名：绿芫菁；别名：金绿芫菁、青虫、相思虫、青娘子；学名：*Lytta caraganae* Pallas；英文名：Green blister beetle；分类地位：鞘翅目，芫菁科。

为害特点与分布

成虫取食植物叶片，严重时可将叶片吃光，是河北省北部蚕豆生产中的重要害虫（图2-53和图2-54）。绿芫菁分布于东北、内蒙古、宁夏、甘肃、河北、北京、山西、山东、河南、江苏、安徽、浙江、湖北、江西等省市区。

形态特征

成虫体长11.5~17 mm；体金属绿色或蓝绿色，鞘翅有铜红色光泽；头部额中间有一橙红色小斑；触角约为体长的1/3，第5~10节念珠状；前胸背板光滑，两前侧角向外上方隆起，鞘翅上有细小刻点和细皱纹；雄虫前、中足第一跗节基部细，腹面凹入，端部膨大，呈马蹄形；中足腿节基部腹面有1根尖齿；雌虫前足及中足无此特征。

生活习性与发生规律

一年发生1代，以幼虫在土中越冬。次年化蛹，5~8月间出

图 2-53　绿芫菁成虫为害绿豆

图 2-54　绿芫菁成虫在蚕豆上取食、交尾

现成虫，有假死性和群集性，产卵于土中，幼虫生活于土中，以
蝗虫卵等为食物。

防治方法

1. 栽培防治：根据绿芫菁越冬习性，秋收后深翻豆田，利用
冬季低温杀灭部分幼虫；根据成虫群集为害习性，可在清晨用网
捕捉成虫，集中杀灭。

2. 药剂防治：喷施 2.5% 溴氰菊酯乳油 8000~10000 倍液、
1.8% 阿维菌素乳油 2000 倍液、5% 高效氯氰菊酯 3000 倍液、菊
杀乳油 2000 倍液灭杀成虫。

存疑豆芫菁

名称与分类地位

中文名：存疑豆芫菁；别名：斑蝥；学名：*Epicauta dubid Fabricius*；分类地位：鞘翅目，芫菁科。

为害特点与分布

主要为害寄主叶片，将叶片咬成孔洞或缺刻，群体大时很快将全株叶片吃光，只剩网状叶脉和茎秆，尤喜食幼嫩部位及花瓣、花絮，使之不能结实（图 2–55）。主要分布于北京、东北、河北、陕西、河南、山东、江苏等省市。

形态特征

存疑豆芫菁全身黑色，被黑色毛，但前胸背板两侧及背中线，鞘翅外缘、脉端、体腹面和足均被有灰白色毛。触角雌虫为丝状，雄虫中部数节膨大成栉齿状。它体长 12~19 mm，宽 4.5~5.5 mm。

生活习性与发生规律

在陕北地区，4 月下旬至 9 月中旬为该成虫发生期，4 月下旬开始在土室中羽化，一天中的 10:00 和 18:00 为羽化高峰。成虫有聚集习性，多在白天活动，以爬行为主，其中 10:00 和 16:00 为活动高峰。成虫有补充营养习性。产卵前雌虫用口器和

图 2-55　存疑豆芫菁成虫为害绿豆

前足掘一桶形土穴，每穴产卵 70~90 粒。

防治方法

1. 栽培防治：根据豆芫菁幼虫在土中越冬的习性，秋收后翻耕豆田，增加越冬幼虫的死亡率；根据成虫群集为害习性，可在清晨用网捕成虫，集中消灭。

2. 药剂防治：用 2% 杀螟松粉剂，或 2.5% 敌百虫粉剂，每 667 m^2 用量 1.5~2.5 kg；用 80% 敌敌畏乳油、90% 晶体敌百虫 1000~2500 倍液。

四纹丽金龟

名称与分类地位

中文名：四纹丽金龟；别名：中华弧丽金龟、豆金龟子、四斑丽金龟；学名：*Popillia quadriguttata* Fabricius；英文名：Scarab beetle；分类地位：鞘翅目，丽金龟科。

为害特点与分布

成虫群集取食叶片，造成不规则缺刻或孔洞，严重的仅残留叶脉，有时食害花或果实（图2-56和图2-57）；幼虫为害地下组织。中华弧丽金龟分布于黑龙江、吉林、辽宁、内蒙古、宁夏、甘肃、陕西、河北、河南、山东、山西、江苏、安徽、浙江、云南、贵州、湖北、广东、广西、台湾等省区。

图2-56　四纹丽金龟成虫为害绿豆　　图2-57　四纹丽金龟成虫取食绿豆叶片

形态特征

成虫体长7.5~12 mm，宽4.5~6.5 mm。体色一般深铜绿色，有光泽。鞘翅浅褐色或草黄色，四缘常呈深褐色，足同于体色或黑褐色。臀板基部具白色毛斑 2 个，腹部 1~5 节腹板两侧各具白色毛斑 1 个，由密细毛组成。触角 9 节，鳃叶状，棒状部由 3 节构成，雄虫大于雌虫。小盾片三角形，前方呈弧状凹陷。前足胫节外缘具 2 齿，端齿大而钝，内方距位于第 2 齿基部对面的下方。幼虫头赤褐色，体乳白色。头部前顶刚毛每侧 5~6 根成 1 纵列；后顶刚毛每侧 6 根，其中 5 根成 1 斜列。肛腹片后部覆毛中间刺毛列呈"八"字形岔开。

生活习性与发生规律

一年发生 1 代，多以 3 龄幼虫在 30~80 cm 土层内越冬。春季上移至表土层为害植株根系；6 月老熟幼虫开始化蛹，蛹期 8~20 d；成虫在 6 月中下旬至 8 月下旬羽化，成虫白天活动，7 月是为害盛期；成虫飞行力强，具假死性，晚间入土潜伏，无趋光性；成虫出土 2 d 后取食，为害一段时间后交尾产卵，卵散产在 2~5 cm 土层里，每个雌成虫可产卵 20~65 粒；7 月中旬至 8 月上旬为产卵盛期。幼虫为害至秋末达 3 龄时，钻入深土层越冬。

防治方法

1. 栽培防治：在深秋或初冬翻耕土地，可杀灭越冬幼虫 15%~30%；与其他作物轮作；避免施用未腐熟的厩肥；合理施肥，碳酸氢铵、腐植酸铵、氨水等散发出氨气对地下幼虫有一定驱避作用；合理灌溉，创造不适于幼虫蛴螬生活的环境（蛴螬发育最适宜的土壤含水量为 15%~20%）。

2. 药剂防治：喷施 50% 辛硫磷乳油 1500 倍液、25% 爱卡士乳油 1500 倍液、10% 吡虫啉可湿性粉剂 1500 倍液、1.8% 阿维菌素乳油 2000 倍液、5% 高效氯氰菊酯 3000 倍液，杀灭成虫。

绿豆象

名称与分类地位

中文名：绿豆象；学名：*Callosobruchus chinensis*(Linnaeus)；英文名：Azuki bean weevil；分类地位：鞘翅目，豆象科。

为害特点与分布

幼虫蛀荚，食害豆粒，或在仓内蛀食贮藏的豆粒，虫蛀率都在20%~30%，甚至80%以上（图2-58和图2-59）。分布于全国各地。

 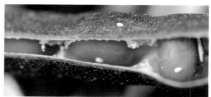

图2-58　绿豆象为害的绿豆　　　图2-59　绿豆象豆荚和豆粒上产的卵

形态特征

身体长椭圆形，长3~4 mm，宽1.5~2 mm。体色不一，有"淡色型"和"暗色型"之分，但数目较多的是背面颜色大部分为褐色的"淡色型"绿豆象。复眼大，凸出。前胸背板的前缘较后缘狭许多，略成三角形，后缘中叶有1对被白色毛的瘤状突起，中部两侧各有一个灰白色毛斑。小盾片被有灰白色毛。触角11节，雄虫的触角为梳状，雌虫的触角为锯齿状，容易识别。腹部第三节、第四节和第五节背缘各有一个由浓密的白色毛构成的毛斑。幼虫长约3.6 mm，肥大弯曲，乳白色，多横皱纹（图2-60和图2-61）。

图2-60 绿豆象雄成虫   图2-61 绿豆象雌成虫

生活习性与发生规律

一年发生4~5代，南方可发生9~11代，成虫与幼虫均可越冬。成虫可在仓内豆粒上或田间豆荚上产卵，每雌可产70~80粒。成虫善飞翔，并有假死习性。幼虫孵化后即蛀入豆荚豆粒。

防治方法

1.选育抗豆象绿豆品种。

2.化学药物防治法：绿豆量较少时，可将溴甲烷或磷化铝装入小布袋内，放入绿豆中，密封在一个桶内保存。若存贮量较大，可按贮存空间每立方米50 g溴甲烷或20 g磷化铝的比例，在密封的仓库或熏蒸室内熏蒸，不仅能杀死成虫，还可杀死幼虫和卵，且不影响种子发芽。

3.物理防治法：绿豆收获后，抓紧时间晒干或烘干，使种子含水量在14%以下，并且可使各种虫态的豆象在高温下致死。家庭贮存绿豆，可将绿豆装于小口大肚密封容器内，如可口可乐瓶、干爆瓶等，用时取出，不用时再密封，保存效果很好。

四纹豆象

名称与分类地位

中文名：四纹豆象；别名：豆点豆象；学名：*Callosobruchus maculatus*；英文名：Cowpea weevil；分类地位：鞘翅目，豆象科。

为害特点与分布

幼虫蛀英，食害豆粒，主要在仓内蛀食贮藏的豆粒，虫蛀率都在 20%~30%，甚至 80% 以上，为我国检疫性害虫。先后在广东、福建、浙江、广西等省区发现，但基本得到了控制。

形态特征

成虫体长 2.5~4.0 mm。触角 11 节，由第四节向后呈锯齿状。前胸背板亚圆锥形，被浅黄色毛，后缘中央有瘤突 1 对，上面密被白色毛，形成三角形或桃形的白毛斑。小盾片方形。鞘翅长稍大于两翅的总宽，肩胛明显，每一鞘翅上通常有 3 个黑斑，近肩部的黑斑极小，中部和端部的黑斑大；腹部各节背缘无稠密的白色毛斑。臀板倾斜，侧缘弧形。老熟幼虫体长 3.0~4.6 mm。身体弯曲呈 "C" 形，淡黄白色。蛹椭圆形，体被细毛（图 2-62 和图 2-63）。

生活习性与发生规律

在广东省一年可达 11~12 代。在热带地区，可在田间和仓内

图 2-62 四纹豆象雄成虫　　　　图 2-63 四纹豆象雌成虫

为害，在温带区主要在仓内进行为害（图 2-64）。成虫或幼虫在豆粒内越冬，翌年春化蛹。新羽化的成虫和越冬成虫飞到田间产卵或继续在仓内产卵繁殖，产卵期 5~20 d。幼虫 4 龄。成虫寿命一般不超过 12 d，生活周期为 36 d。个体变异很大，每一性别的成虫存在着两个型，即飞翔型和非飞翔型。

图 2-64 四纹豆象为害绿豆

防治方法

1. 严格进行检疫。

2. 化学药物防治法：绿豆量较少时，可将溴甲烷或磷化铝装入小布袋内，放入绿豆中，密封在一个桶内保存。若存贮量较大，可按贮存空间每立方米 50 g 溴甲烷或 20 g 磷化铝的比例，在密封的仓库或熏蒸室内熏蒸，不仅能杀死成虫，还可杀死幼虫和卵，且不影响种子发芽。

3. 物理防治法：绿豆收获后，抓紧时间晒干或烘干，使种子含水量在 14% 以下，并且可使各种虫态的豆象在高温下致死。家庭贮存绿豆，可将绿豆装于小口大肚密封容器内，如可口可乐瓶、干爆瓶等，用时取出，不用时再密封，保存效果很好。

大灰象甲

名称与分类地位

中文名：大灰象甲；学名：*Sympiezomias velatus* (Chevrolat)；别名：大灰象虫、象鼻虫；英文名：Big gourdshaped weevil；分类地位：鞘翅目，象虫科。

为害特点与分布

以成虫为害豆类、瓜类等作物的茎秆和叶片，严重时致植株死亡。分布于全国各地。

形态特征

成虫体长 7.3~12.1 mm，宽 3.2~5.2 mm，雌虫椭圆形，雄虫宽卵形。体淡褐色，密被灰白色、灰黄色或褐色鳞片。褐色鳞片在前胸中间和两侧形成 3 条纵纹；鞘翅卵圆形，末端尖锐，中间有 1 条白色横带，鞘翅各具 10 条刻点列。小盾片半圆形，中央具 1 条纵沟。前足胫节有端齿，内缘有 1 列小齿。雄虫胸部窄长，鞘翅末端不缢缩、钝圆锥形；雌虫腹部膨大、胸部宽短、鞘翅末端缢缩，且较尖锐（图 2-65 和图 2-66）。

生活习性与发生规律

大灰象虫两年发生 1 代，以成虫和幼虫在土中越冬。4 月中下旬越冬成虫出土活动，群集于桑苗或上树取食刚萌发的桑芽和

二、虫害部分

105

图 2-65　绿豆上的大灰象甲

图 2-66　大灰象甲群集为害刚出土的绿豆幼苗

幼叶。5 月下旬成虫产卵于土中，卵期 10~11d，6 月上旬后陆续孵化为幼虫。9 月下旬幼虫在土壤深处做成土室越冬 1 个世代需历时 2 年。成虫不能飞翔，有假死性、隐蔽性和群居性，取食时间多在 10:00 以前和傍晚，以 16:00~22:00 取食的最多。

防治方法

1. 人工捕捉：利用其不能飞翔、活动性较差以及群集性和假死性，人工捕捉成虫。

2. 药剂防治：虫口密度大时，可喷洒 90% 敌百虫晶体或 80% 敌敌畏乳油 1000 倍液、50% 辛硫磷乳油或 50% 杀螟松乳油 1500 倍液、1.8%阿维菌素乳油 2000 倍液、5% 高效氯氰菊酯 3000 倍液、50% 辛·氰乳油 2000~3000 倍液。

双斑萤叶甲

名称与分类地位

中文名：双斑萤叶甲；学名：*Monolepta hieroglyphica* (Motschulsky)；别名：双斑长跗萤叶甲；英文名：White-spotted leaf beetles；分类地位：鞘翅目，叶甲科。

为害特点与分布

成虫食叶片和花穗成缺刻或孔洞（图2-67和图2-68）。分布于我国大部分省区。

图2-67　双斑萤叶甲在　　　　　图2-68　双斑萤叶甲为害的
　　　绿豆叶片上取食　　　　　　　　绿豆叶片症状

形态特征

　　成虫体长 3.6~4.8 mm，宽 2~2.5 mm，长卵形，棕黄色，具光泽，触角 11 节丝状，端部色黑；复眼大卵圆形；前胸背板宽大于长，表面隆起；小盾片黑色，呈三角形；鞘翅布有线状细刻点，每个鞘翅基半部具一近圆形淡色斑，四周黑色，淡色斑后外侧多不完全封闭，其后面黑色带纹向后突伸成角状，有些个体黑带纹不清或消失。幼虫体长 5~6.2 mm，白色至黄白色，体表具瘤和刚毛，前胸背板颜色较深。

生活习性与发生规律

　　河北和山西等省一年发生 1 代，以卵在土中越冬。翌年 5 月开始孵化。幼虫共 3 龄，幼虫期 30 d 左右，在 3~8 cm 土中活动或取食作物根部及杂草。7 月初始见成虫，7~8 月进入为害盛期，成虫有群集性和弱趋光性，在一株上自上而下地取食，日光强烈时常隐蔽在下部叶背或花穗中。卵散产或数粒黏在一起，卵耐干旱，幼虫生活在杂草丛下表土中，老熟幼虫在土中筑土室化蛹。干旱年份发生重。

防治方法

　　1. 农业防治：及时铲除田边、地埂、渠边杂草，秋季深翻灭卵，可减轻虫害。

　　2. 化学防治：用 10% 吡虫啉可湿性粉剂 2500 倍液、菊酯类（氯氰菊酯、杀灭菊酯、三氟氯氰菊酯等）农药 1500 倍喷雾或用 45% 吡毒乳油 1500 倍液喷雾，可同时兼治黏虫、蓟马、金龟子等。防治时间以下午 17:00 以后和早晨 10:00 以前效果较好。

根　蛆

名称与分类地位

中文名：根蛆，也叫地蛆，是种蝇、葱蝇、萝卜蝇、小萝卜蝇的总称，常见的是种蝇；学名：*Delia platura* (Meigen)；分类地位：双翅目，花蝇科。

为害特点与分布

种蝇可为害多种蔬菜、豆类，成虫喜欢在未腐熟的有机物上产卵。幼虫从根部钻入，引起幼茎死亡，严重时造成整行成垄的缺苗（图 2-69、图 2-70 和图 2-71）。分布于全国各地。

形态特征

成虫比家蝇小，体长 6 mm；暗褐色，头部银灰色，胸背上有 3 条褐色纵纹，全身有黑色刚毛。翅透明，翅脉黄褐色。 卵长。椭圆形，稍弯曲，乳白色，表面有网纹。幼虫似粪蛆，乳黄色，体长 7~9 mm，尾端有 7 对肉质突起。 蛹长 4~5 mm，椭圆形，黄褐色或红褐色，尾端有 6 对突起。

生活习性与发生规律

种蝇在北方一年发生 3~4 代，南方 5~6 代。一般以蛹在土中或粪堆中越冬，成虫和幼虫也可以越冬。翌年早春成虫开始大量出现，早、晚躲在土缝中，天气晴暖时很活跃，田间成虫数量大

图 2-69　根蛆钻入绿豆幼苗根茎内为害

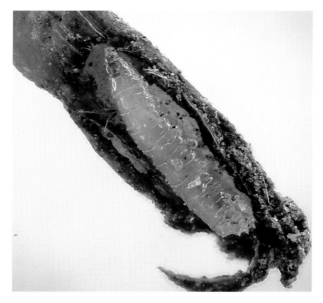

图 2-70　被害绿豆幼苗茎中的根蛆

图2-71　根蛆为害导致绿豆幼苗死亡

增。成虫喜欢群集在腐烂发臭的粪肥、饼肥及圈肥等有机物中，并在上面产卵，或在植株根部附近的湿润土面、蒜苗基部叶鞘缝内及鳞茎上产卵。幼虫在地下部根与假茎间钻成孔道，蛀食心叶部，使组织腐烂，叶片枯黄、萎蔫乃至成片死亡。

防治方法

1. 顺垄开沟条施草木灰或随水灌施氨水，每 667 m^2 8~10kg，也可用大水漫灌。

2. 在春天解冻后，晒墩 5~6 d，使蛆干燥死亡，并在覆土前再施 1 次药。

3. 药剂浸根：用 50% 辛硫磷乳油 1000 倍液浸根杀灭幼虫，防止传播。在播种覆土前，每亩用 5% 辛硫磷颗粒剂 2 kg，拌细土撒于种子附近，再覆土。

4. 防治成虫：在早春成虫羽化盛期时，喷 50% 辛硫磷乳油 800 倍液，或 2.5% 敌杀死乳油 4000 倍液或 20% 氰戊菊酯 5000 倍液，上午 9:00~11:00 喷药效果最好。

短额负蝗

名称与分类地位

中文名：短额负蝗；别名：中华负蝗、尖头蚱蜢、小尖头蚱蜢；学名：*Atractomorpha sinensis* Bolivar；英文名：Pinkwinged grasshopper；分类地位：直翅目，尖蝗科。

为害特点与分布

以成虫、若虫取食叶片为害，造成叶片缺刻和孔洞现象，严重时在短时间内将叶片食光，仅留枝干和叶柄。分布于全国各地。

形态特征

体长 20~30 mm，头至翅端长 30~48 mm。绿色或褐色（冬型）。头尖削，绿色型自复眼起向斜下有一条粉红纹，与前、中胸背板两侧下缘的粉红纹衔接。体表有浅黄色瘤状突起；后翅基部红色，端部淡绿色；前翅长度超过后足腿节端部约 1/3。卵弧形，卵块外有黄褐色分泌物封固。若虫体似成虫，初为淡绿色，杂有白点。复眼黄色。前、中足有紫红色斑点，只有翅芽，俗称为跳蝻（图 2–72 和图 2–73）。

生活习性

在东北、华北地区一年发生 1 代，江西省一年发生 2 代。以卵在土中越冬。翌年 5 月卵孵化，初孵若虫群集在叶片上，先食

图 2-72 短额负蝗夏型成虫　　　　　图 2-73 绿豆上短额负蝗若虫

叶肉，使叶片呈网状。5月中旬至6月上旬若虫盛孵，食害草花。7月上旬第一代成虫开始产卵。雄成虫在雌虫背上交尾与爬行，故称之为"负蝗"。一般将卵产于向阳的较硬的土层中，卵呈块状，每块卵有10多粒至20多粒。卵块外有黄褐色分泌物封着。第二代若虫7月下旬开始孵化，8月上中旬为孵化盛期。以卵越冬。若虫初孵时有群集性，2龄以后分散为害。

防治方法

1.农业防治：在秋季、春季铲除田埂、地边5cm以上的土及杂草，把卵块暴露在地面晒干或冻死。

2.药剂防治：幼虫盛孵期可喷雾10%大功臣4000倍液、5%锐劲特悬浮剂2000倍液或5%高效氯氰菊酯喷雾，傍晚为佳。

参考文献

［1］成卓敏.新编植物医生手册.北京：化学工业出版社，2008

［2］戴芳澜.中国真菌总汇.北京：科学出版社，1979

［3］王晓鸣，金达生，R·列顿等.小豆病虫害鉴别与防治.北京：中国农业科技出版社，2000

［4］王晓鸣，朱振东，段灿星等.蚕豆豌豆病虫害鉴别与控制技术.北京：中国农业科学技术出版社，2007

［5］魏景超.真菌鉴定手册.上海：上海科学技术出版社，1979

［6］吴福桢，管致和，马世骏等.中国农业百科全书－昆虫卷.北京：中国农业出版社，1990

［7］中国农业科学院植物保护研究所.中国农作物病虫害（第二版）.北京：中国农业出版社，1995

［8］Brunt, A., Crabtree, K., Gibbs, A. Viruses of tropical plants. Cambridge, UK. CAB International, 1990